U0267997

高职高专"十一五"规划教材

染整应用化学

李淑华　顾晓梅　主编

化学工业出版社

·北京·

内 容 简 介

本书内容按照"必需够用"的原则进行整合，将专业基础课准确导向专业技术，实现"工学结合"的理念。介绍了染整专业后续课程中所涉及的化学知识，强化了染化料的配制、分析测试和染整工艺质量控制等过程中的重要职业技能的培养。

本书体系是将基础的化学知识与实践操作有机融合，通过"项目引领和任务驱动"来设计和编排教学内容。全书共分为六个教学项目和综合训练项目，每个项目都是用化学知识指导实践，同时由实践操作获取相应的化学知识，从而保障各个教学项目的顺利开展。

本书既可作为高职院校染整技术、轻纺等专业的教材，也可作为专科层次其他相关专业的教材和参考书。

图书在版编目（CIP）数据

染整应用化学/李淑华，顾晓梅主编. —北京：化学
工业出版社，2010.5（2024.9重印）
高职高专"十一五"规划教材
ISBN 978-7-122-07930-5

Ⅰ. 染…　Ⅱ.①李…②顾…　Ⅲ. 染整-化学-高等学
校：技术学院-教材　Ⅳ. TS190.1

中国版本图书馆 CIP 数据核字（2010）第 040646 号

责任编辑：旷英姿　陈有华　　　　　　　　装帧设计：史利平
责任校对：洪雅姝

出版发行：化学工业出版社（北京市东城区青年湖南街 13 号　邮政编码 100011）
印　　装：北京科印技术咨询服务有限公司数码印刷分部
787mm×1092mm　1/16　印张 9½　彩插 1　字数 212 千字　2024 年 9 月北京第 1 版第 5 次印刷

购书咨询：010-64518888　　　　　　　　　售后服务：010-64518899
网　　址：http://www.cip.com.cn

凡购买本书，如有缺损质量问题，本社销售中心负责调换。

定　　价：30.00 元　　　　　　　　　　　　　版权所有　违者必究

前　言

　　根据国家示范性高职院校的建设要求，基于工作过程系统化的项目化教材不断推陈出新，为了适应新形势下的教学需要编写了本书。本书基于培养染整企业及相关行业所需要的染化料的配制、分析测试等方面的人才这一目的而编写的。

　　本书内容按照"必需够用"的原则进行整合，将专业基础课准确导向专业技术，实现"工学结合"的理念。介绍了染整专业后续课程中所涉及的化学知识，强化了染化料的配制、分析测试和染整工艺质量控制等过程中的重要职业技能的培养。

　　本书体系是将基础的化学知识与实践操作有机融合，通过"项目引领和任务驱动"来设计和编排教学内容。全书共分为六个教学项目和综合训练项目，每个项目都是用化学知识指导实践，同时由实践操作获取相应的化学知识，从而保障各个教学项目的顺利开展。

　　本书理论知识和实践操作采用了不同的字体进行编排，在项目中穿插了一些做一做、练一练、分析与思考、课外充电等小栏目，并用方框标出来，便于启发学生思维、加深印象、巩固提高。

　　本书由南通纺织职业技术学院李淑华和顾晓梅主编，全书由李淑华统稿。参加编写的还有南通纺织职业技术学院周林芳，盐城纺织职业技术学院李萍。

　　在编写过程中，得到了南通纺织职业技术学院、盐城纺织职业技术学院领导和相关老师的支持和帮助，在此谨向他们表示谢意。

　　鉴于编者水平所限，书中难免有疏漏之处，衷心希望专家和使用本书的师生批评指正。

编　者

2010 年 3 月

目　录

项目一 染整加工中溶液的配制

【知识与技能要求】

1. 理解稀溶液的依数性与浓度间的定量关系及在测定非电解质摩尔质量方面的应用；
2. 了解分散系统的分类及基本特征。了解胶体的性质与胶体结构的关系；
3. 掌握溶液的各种浓度的表示方法和有关计算，能熟练进行一般溶液的配制；
4. 熟练掌握分析天平、电子天平、移液管和容量瓶的使用。

任务一 知识准备

人们都知道，纯水在1atm（101.325kPa）下，100℃时就沸腾，0℃就会结冰。而生活在淡水中的鱼类不能生活在海水中。这些现象是由什么原因引起的呢？

一、稀溶液的依数性

溶质溶于溶剂形成溶液，溶液的性质已不同于原来的溶质和溶剂。溶液的颜色、体积、导电性、酸碱性等，与溶质的本性有关，溶质不同，则性质各异。而稀溶液的另一些性质，与溶质本性无关，仅与溶液中所含的溶质的粒子数有关。这些性质包括蒸气压下降、沸点升高、凝固点下降和溶液的渗透压，这些性质统称为稀溶液的依数性。

1. 蒸气压下降

在一定温度下，将纯液体放在密闭容器中，液体能不断蒸发成蒸气，同时生成的蒸气也不断凝聚成液体，当单位时间内，脱离液面变成气体的分子数等于返回液面变成液体的分子数，达到蒸发和凝聚的动态平衡。此时，与液态平衡的蒸气称为饱和蒸气。饱和蒸气所产生的压力称为饱和蒸气压，通常又称蒸气压。

在一定温度下，纯液体的饱和蒸气压是一个定值，它与液体的本性有关，随着温度的升高而增大，如图1-1所示。显然，越易挥发的液体，它的蒸气压就越大。如20℃时水的蒸气压为2.33kPa，25℃时水的蒸气压为3.24kPa；20℃时酒精的蒸气压为5.85kPa，25℃时酒精的蒸气压为7.97kPa。

当液体中溶解有不挥发的溶质时，溶液的蒸气压便下降，即在一定温度下，溶有难挥发性溶质的溶液的蒸气压总低于纯溶剂的蒸气压。纯溶剂蒸气压与溶液蒸气压的差值称为溶液蒸气压下降值。溶液越浓，所含溶质分子越多，溶液的蒸气下降得就越多。稀溶液的蒸气压下降值（Δp）和溶质的摩尔分数成正比。溶液的蒸气压下降只与溶剂中所含的溶质的粒子数有关，而与溶质的性质无关。

2. 沸点升高

当液体的蒸气压随温度升高而增大到与外界大气压相等时，液体就会沸腾，沸腾时的温度称为该液体的沸点，用 T_b 表示。液体的沸点随外界压力而变化。若降低液面的压力，液体的沸点就降低。在通常情况下，没有注明压力条件的沸点都是正常沸点。水的正常沸点是 100℃，若将水面的压力减到 3.2kPa 时，水在 25℃ 就能沸腾。在提取和精制对热不稳定物质时，常采用减压操作进行蒸馏，降低蒸发温度，达到分离和提纯的目的。

如果在纯溶剂中加入难挥发的溶质，溶液的蒸气压就要下降，其根本原因是溶液的蒸气压低于纯溶剂的压力，如图 1-2 所示。

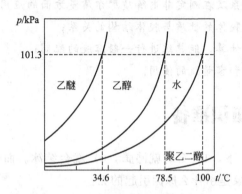

图 1-1　几种液体蒸气压与温度的关系

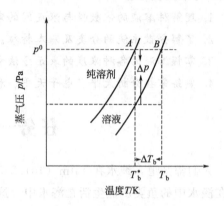

图 1-2　溶液的沸点升高

由图 1-2 可以看出，在纯溶剂的沸点 T_b^* 下，即纯溶剂的蒸气压等于外界压力时，溶液的蒸气压则小于外界压力而不沸腾。要使溶液在此压力下沸腾，必须将温度升高到 T_b，溶液的沸点升高值可表示为：$\Delta T_b = T_b - T_b^*$。

溶液的沸点总是高于纯溶剂的沸点。例如在常压下，海水的沸点高于 100℃。在实验工作中常常利用沸点上升现象，如用较浓的盐溶液来做高温热浴。

实验结果证明，含有不挥发性溶质的稀溶液的沸点升高的数值与溶液中溶质的质量摩尔浓度（b_B）成正比，即

$$\Delta T_b = T_b - T_b^* = K_b b_B \tag{1-1}$$

式（1-1）中，K_b 为沸点升高常数，它只与温度和溶剂的性质有关，而与溶质的性质无关。由此可见溶液的沸点升高只与溶液所含溶质的微粒数有关。表 1-1 列出了常见物质的 K_b 和 T_b^* 值。

表 1-1　几种溶剂的 K_b 和 T_b^* 值

溶　剂	水	甲醇	乙醇	丙酮	氯仿	苯	四氯化碳
$K_b/K \cdot kg \cdot mol^{-1}$	0.52	0.83	1.19	1.73	3.85	2.57	2.11
T_b^*/K	373.15	337.66	351.48	329.3	334.35	353.1	349.87

3. 溶液的凝固点降低

在一定的外压下，物质的液相和固相的蒸气压相等时，两相共存时的温度称为该物质的凝固点，用 T_f 表示。在常压下，0℃ 时，水和冰的蒸气压相等，两相共存，0℃ 即为水的凝固点，也称为水的冰点。若在水中加入难挥发的溶质，溶液的蒸气压就会下降，在

0℃时，溶液的蒸气压必然低于冰的蒸气压，溶液和冰两相不能共存，于是冰就会融化，只有降低温度，促使冰的蒸气压和溶液的蒸气压相等，冰和溶液处于两相平衡状态，此时的温度就是溶液的凝固点，所以溶液的凝固点低于纯溶剂的凝固点，如图1-3所示。溶液的凝固点降低值可以表示为：$\Delta T_f = T_f^* - T_f$。

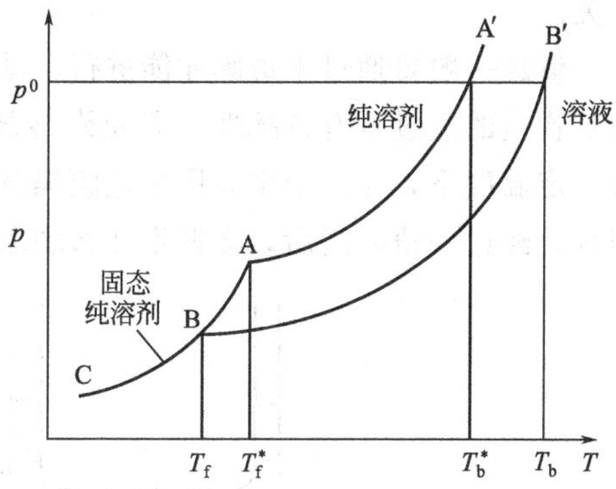

实验结果表明，含有不挥发性溶质的稀溶液的凝固点降低的数值与溶液中溶质的质量摩尔浓度（b_B）成正比，即

$$\Delta T_f = K_f b_B \qquad (1-2)$$

图 1-3 溶液的凝固点降低

式(1-2)中，K_f 为凝固点降低常数，它与溶剂性质有关而与溶质性质无关。表 1-2 列出一些溶剂的 K_f 值和 T_f^* 值。

表 1-2 几种溶剂的 K_f 和 T_f^* 值

溶剂	水	醋酸	苯	萘	环己烷	樟脑
T_f^*/K	273.15	289.75	278.68	353.4	279.65	446.15
K_f/K·kg·mol^{-1}	1.86	3.90	5.10	7.0	20	40

利用沸点升高和凝固点降低与溶质的质量摩尔浓度的关系可以测定溶质分子的摩尔质量。由于凝固点降低常数比沸点升高常数大，实验误差小，而且在达到凝固点时，溶液中有晶体析出，现象明显，容易观察，因此常常利用凝固点降低来测定溶质分子的摩尔质量。

◎【练一练】 在25.00g苯中溶入0.245g苯甲酸，测得凝固点下降0.2048K。凝固时析出固态的苯，求苯甲酸在苯中的化学式。

溶液的凝固点降低的性质，在工农业生产和日常生活中具有广泛的应用。例如在严寒的冬天，在汽车的水箱中加入甘油或防冻液，可以防止水箱中的水结冰，避免水箱冻裂。冬天下雪后，在马路上撒上盐或融雪剂，可以防止道路结冰。凝固点降低的性质也可以用来鉴定物质的纯度，物质越纯，凝固点的降低越少。例如保险丝由 Pb、Bi、Sn、Cd 四种金属组成的易熔合金，其熔点只有 343K，比其中最易熔化的 Sn 的熔点（505K）还低得多。

◎【做一做】
(1) 测定纯溶剂水的凝固点
(2) 测定溶液的凝固点

4. 渗透压

在日常生活中我们常常遇到这样一些情况，用浓度过大的农药喷洒植物，常常发生烧苗现象；人在淡水中游泳，常常会眼睛红肿、发涩。这些现象与动植物的细胞膜的渗透有关。

　　渗透一般要通过半透膜才能进行，动植物的细胞膜、动物的肠衣都是很好的半透膜，它对物质的透过具有选择性，只允许溶剂分子通过不允许溶质分子通过。如图1-4所示，若一定温度下，在一个中间用半透膜隔开的容器中，两侧分别装有相同高度的蔗糖溶液和纯水，经过一段时间后，会发生什么现象呢？

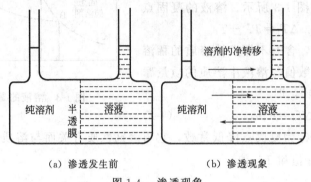

（a）渗透发生前　　　　　　（b）渗透现象

图1-4　渗透现象

　　水分子可以自由通过半透膜，但蔗糖分子则不能通过半透膜。由于单位体积内蔗糖溶液中含有的水分子比纯水少，因此在单位时间内，从纯水中穿过半透膜进入蔗糖溶液的水分子数，比从蔗糖溶液中穿过半透膜进入纯水的水分子多。结果表现为水不断通过半透膜进入蔗糖溶液，使蔗糖溶液的浓度逐渐减小而液面逐渐升高。这种溶剂分子透过半透膜自动扩散到溶液的一边，使溶液一侧液面升高的现象称为渗透。

　　要使两侧液面相等，必须在溶液一侧增加一定的额外压力。在一定条件下，当溶液一侧所施加额外压力为 Π 时，两液面可持久保持同一水平，即达到渗透平衡，Π 称为溶液的渗透压。

　　1886年，荷兰物理学家范特霍夫在大量实验的基础上总结出稀溶液的渗透压与浓度、温度的关系：

$$\Pi V = n_B RT \tag{1-3}$$

$$\Pi = c_B RT \tag{1-4}$$

式(1-3)和式(1-4)中，Π 表示渗透压；V 为溶液的体积；n_B 是溶质的物质的量；c_B 为溶液中溶质的物质的量浓度；R 为气体常数；T 为热力学温度。从上式可以看出，一定温度下，难挥发性非电解质稀溶液的渗透压与溶液中溶质的浓度有关，与溶质的本性无关。

　　动植物的细胞膜大多具有半透膜的性能。若土壤溶液的渗透压高于植物细胞的渗透压，则植物细胞中的水分就会往外渗透，导致植物枯萎，因此盐碱地不利于植物生长。同样海水鱼和淡水鱼不能交换生活环境，如果淡水鱼生活在海水里，会引起鱼体细胞萎缩，海水鱼生活在淡水中，会引起鱼体细胞膨胀。

　　膜技术的发展无论从应用还是从理论方面越来越受到人们的关注，具有非常广阔的前景。

　　综上所述稀溶液的蒸气压下降、沸点升高、凝固点下降、渗透压等性质只与溶液的浓度有关，而与溶质的本性无关。因此这些性质统称为稀溶液的通性或依数性。

二、胶体溶液

1. 分散系

在生产实践、科学实验和日常生活中，我们经常遇到一种或几种物质以极小的颗粒分散到另一种物质中的体系。分散系在自然界中广泛存在，如矿石分散在岩石中，形成各种矿石；水滴分散在空气中形成云雾。分散系中被分散的物质称为分散质（或分散相）；起分散作用的物质称为分散介质。分散体系通常有两种分类方法。

（1）按分散相粒子的大小分类

① 分子分散体系　分散相粒子的直径在 1nm 以下的体系。分散相与分散介质以分子、原子或离子状态均匀地分散在另一种均相物质中，这种分散系称为溶液。对于溶液来讲，溶质就是分散质，溶剂就是分散介质，溶质和溶剂之间无相界面存在，是均匀的单相，通常把这种体系称为真溶液，如 NaCl 溶液。真溶液中溶质和溶剂不会自动分离成两相，是热力学稳定系统。

② 粗分散体系　当分散相粒子大于 100nm，在显微镜下可以观察到，甚至目测也是混浊不均匀的，放置后会沉淀或分层，这种分散体系称为粗分散体系。

粗分散系主要包括悬浊液和乳浊液。悬浊液是固体分散质以微小颗粒分散在液体物质中形成的分散系，如混浊的泥水。乳浊液是液体分散质以微小的液滴分散在另一个液体物质中形成的分散系，如牛奶。

悬浊液、乳浊液与溶液不同的地方，主要是均匀性和稳定性。悬浊液和乳浊液都是混浊的、不均匀、不透明，放置后分散质和分散介质会发生分离而使分散系遭破坏；而溶液均匀、澄清、不混浊，而且非常稳定，能长时间放置而不析出溶质。

③ 胶体分散体系　分散相粒子的直径在 1～100nm 之间的体系。胶体分散体系外观上是透明的，与真溶液差不多，但实际上分散相与分散介质已不是一相，存在相界面，胶体分散系是高度分散的多相体系，因此胶体粒子有自动聚结的趋势，是热力学不稳定体系。胶体不是一种特殊类型的物质，而是物质以一定分散程度存在的一种状态。例如把 NaCl 分散在苯中就可以形成溶胶。

（2）按分散相和介质的聚集状态分类

胶体分散体系及粗分散体系也可以按分散相和介质的聚集状态分类，并常以分散介质的相态命名，见表 1-3。

表 1-3　胶体分散体系及粗分散体系按聚集状态分类

分散介质	分散质	名　称	实　例
液态	气	泡沫	肥皂泡沫
	液	乳状液	牛奶、石油
	固	溶胶、悬浮体、软膏	金溶胶、涂料、牙膏
固态	气	固溶胶	浮石、泡沫塑料
	液		珍珠
	固		合金、有色玻璃
气态	液	气溶胶	油烟、云雾
	固		烟、粉尘

2. 胶体的性质

(1) 溶胶的动力性质

① Brown（布朗）运动　1827 年，植物学家 Brown 用显微镜观察到悬浮在液面上的花粉粉末不断地作不规则的运动，这种现象叫做 Brown（布朗）运动。1903 年由于发明了超显微镜，用超显微镜可以观察到溶胶粒子也在不停地作布朗运动，而且粒子越小，布朗运动越剧烈，其剧烈的程度随温度升高而增加。见图 1-5。

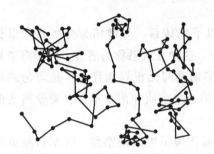 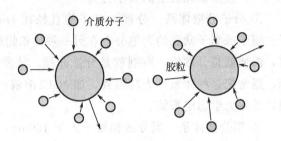

图 1-5　布朗运动轨迹示意图　　　　图 1-6　水分子对胶体粒子的冲击

胶粒粒子在胶体溶液中并不是完全处于被动状态，胶体粒子自身也有热运动，布朗运动是胶体粒子本身的热运动和分散介质的分子对它碰撞的总结果。见图 1-6。

② 沉降和沉降平衡　由于受自身的重力作用而下沉的过程，称之为沉降，它使质点集中。另一种则是布朗运动所产生的扩散作用，它使质点在介质中均匀分布，这是两个相反的作用。扩散与沉降综合作用的结果，形成了下部浓、上部稀的浓度梯度，若扩散速率等于沉降速率，则系统达到沉降平衡，这是一种动态平衡。

达到沉降平衡以后，容器中不同高度处溶胶的浓度是不同的，容器底部浓度最高，随着高度上升，溶胶浓度逐渐下降，这种浓度分布与地球表面大气随高度的分布十分相似。

(2) 溶胶的光学性质

1869 年，Tyndall（丁达尔）发现，若令一束会聚光通过溶胶，从侧面（即与光束垂直的方向）可以看到一个发光的圆锥体，这就是 Tyndall 效应，见图 1-7。

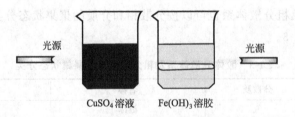

CuSO₄ 溶液　　　Fe(OH)₃ 溶胶

图 1-7　Tyndall 效应

其他分散体系也会产生一点散射光，但远不如溶胶显著。Tyndall 效应实际上已成为判别溶胶与分子溶液的最简便的方法。

光是一种电磁波，可见光的波长约在 400～750 nm 之间，光与物质的作用与光的波长和物质的颗粒大小有关。当光线射入分散系中，发生三种情况，一是，如果颗粒大于入射光波长，光在粒子表面发生反射，当光束通过粗分散体系，由于粒子大于入射光的波长，主要发生反射，使体系呈现混浊现象；二是，如果颗粒小于入射光波长，就发生散射，致使颗粒本身像一个新的光源，向各个方向发射光线，产生乳光，可以看见乳白色的光柱。三是，如果颗粒小于入射光的波长，由于溶质粒子体积太小，散射光相当微弱，光线通过真溶液时基本上发生透射，看不到丁达尔现象。对于溶胶，分散粒子有一定的体积，因此有较强的光散射作用，这就是 Tyndall 效应产生的原因。因此，可以利用是否有明显的 Tyndall 效应来鉴别溶胶和真溶液。

（3）溶胶的电学性质

① 电泳　在外加电场下，胶体粒子在分散介质中，向带异性电荷的电极作定向移动，这种现象称为"电泳"。如图 1-8 所示。

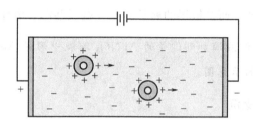

图 1-8　电泳现象

根据粒子所带电荷正负号，溶胶可向阳极或阴极移动，胶体的电泳证明了胶粒是带电的。这是由于胶体颗粒从介质中选择性地吸附某种离子。吸附阳离子的胶粒带正电，如 $Fe(OH)_3$ 溶胶；吸附阴离子的胶粒带负电，如 As_2S_3 溶胶。

研究电泳现象不仅有助于了解溶胶粒子的结构及带电性质，在生产和科研实验中有许多应用。在医学上利用血清的"纸上电泳"可以协助诊断患者是否有肝硬化，利用电泳可以分离人体血液中的血蛋白、球蛋白；在农业上电泳技术可以用来遗传育种等。

② 电渗　在外加电场的作用下，分散介质通过多孔膜或极细的毛细管而定向移动的现象称为电渗。电渗表明分散介质也是带电的。

3. 胶体的结构

溶胶的许多性质与其内部结构有关，根据大量的实验事实，人们提出了胶粒的扩散双电层结构。下面以 AgI 胶体溶液为例来说明胶体的结构。

在搅拌下将极稀的 $AgNO_3$ 溶液和 KI 溶液缓慢混合，并使 KI 过量，即可制得 AgI 溶胶。反应如下：

$$AgNO_3 + KI \longrightarrow AgI(胶体溶液) + KI$$

在形成 AgI 胶体溶液过程中，m 个 AgI 分子聚集在一起形成胶核，m 的大小可以在一定范围内波动，但要让胶粒的大小落在 100nm 范围内，见图 1-9。

由于胶核选择性地吸附与其本身组成相类似的过量的 I^-，使胶核带上负电荷，I^- 为吸附离子，这称为第一吸附层。由于电荷异性相吸的原因，吸附的 I^- 外面有较多的 K^+ 与之靠近，在介质中一起移动，这称为第二吸附层。两层吸附层与胶核一起称为胶粒，因此胶粒是带电的。在吸附层外面，还有一部分 K^+ 疏散地分布在胶粒周围，形成一个扩散层，胶粒和扩散层组成胶团，整个胶团呈电中性。

从胶团的结构可以看出，胶粒是带电的，但整个胶团是电中性的。在外电场的作用

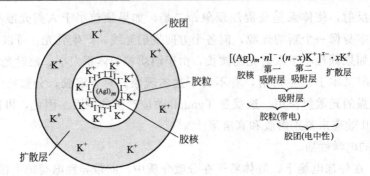

图 1-9　AgI 胶团构造示意图 (KI 为稳定剂)

下，胶粒向某一电极移动，而扩散层的离子向另一电极移动，由此产生电泳现象。

【练一练】 将 KI 溶液滴加到过量的 $AgNO_3$ 溶液中形成 AgI 溶胶，试画出该溶胶的胶团结构式及胶团的示意图。

4. 胶体的稳定性和聚沉

(1) 溶胶的稳定性

溶胶在热力学上是不稳定的，胶体之所以具有一定的稳定性，最主要的原因是胶粒带有电荷。一般情况下，同一胶体溶液中的胶粒带有同种电荷，因而相互排斥，阻止了它们相互接近，使胶粒很难聚集成较大的粒子而沉降。此外，吸附层中的吸附离子能水化，使胶粒被水合外壳包围，也会阻止胶粒间的相互接近，因此胶体有一定的稳定性。另一方面由于溶胶的粒子小，布朗运动剧烈，因此在重力场中不易沉降，即具有动力稳定性，这是使溶胶存在的最稳定的原因。稳定的溶胶必须同时具备聚结稳定性和动力稳定性。

(2) 胶体的聚沉作用

胶体的稳定性是相对的，有条件的。因为胶粒具有很大的表面积，有聚集成更大颗粒的倾向，使胶粒聚集成较大的颗粒而沉降。使胶粒聚集成较大的颗粒而沉降的过程叫聚沉(或称凝聚)。促使胶粒聚沉的方法很多，如加热、辐射、加入电解质等。

① 电解质的聚沉作用　当往溶胶中加入过量的电解质后，往往会使溶胶发生聚沉。这是由于电解质加入后，电解质中与溶胶所带电荷相反的离子起作用，迫使与胶粒电荷相反的离子进入吸附层，使胶粒原来所带的电荷被部分或完全中和，使它们失去保持稳定的因素。当胶粒运动时相互碰撞，就会聚集成较大的颗粒而沉降。聚沉能力的大小取决于与胶粒带相反电荷的离子的电荷，离子所带的电荷愈高，聚沉作用愈强。

② 胶体体系的相互聚沉　把两种带有相反电荷的溶胶适量混合，也会发生聚沉作用，称为相互聚沉。当两者按适当的比例混合，直至胶粒所带的电荷被完全中和，溶胶会发生完全聚沉。如 As_2S_3 负溶胶与 $Fe(OH)_3$ 正溶胶按一定比例混合会发生聚沉。

溶胶的相互聚沉在日常生活中经常见到。如明矾的净水作用、不同牌号的墨水相混可能产生沉淀、医院里利用血液能否相互凝结来判断血型等都与胶体的相互聚沉有关。

③ 加热聚沉　加热可以加速胶粒的运动，从而增加了胶粒相互碰撞的机会，同时也削弱了胶粒的溶剂化作用，使胶粒易聚集成较大的颗粒而聚沉。

④ 大分子化合物的聚沉作用　若在溶胶中加入足够数量的某些高分子化合物的溶液，

则由于高分子化合物吸附在溶胶的胶粒表面上，使其对介质的亲和力增加，从而有防止聚沉的保护作用。但是如果所加大分子物质少于保护憎液溶胶所必需的数量，则少量的大分子物质反而使憎液溶胶更容易为电解质所聚沉，这种效应称为敏化作用。例如，对 SiO_2 进行重量分析时，在 SiO_2 的溶胶中加入少量明胶，使 SiO_2 的胶粒黏附在明胶上，便于聚沉后过滤，减少损失，使分析更准确。

【分析与思考】 试解释下列现象：
(1) 在江海的交界处易形成小岛和沙洲；
(2) 加明矾会使混浊的泥水澄清；
(3) 在适量明胶存在下，加电解质不会使溶胶聚沉。

任务二 溶液浓度的表示方法

溶液的浓度是指一定量的溶液（或溶剂）中所含的溶质 B 的量。在实际生产或科研中，根据使用的方便程度不同，对溶液的浓度规定了不同的标准，因此，同一种溶液，因不同的需要，可选择不同的浓度表达方法。经常使用到的几种浓度表示方法如下。

1. 物质的量浓度

用单位体积溶液中所含溶质 B 的物质的量 n_B 来表示的溶液的浓度，叫做溶质 B 的物质的量浓度。用符号 c_B 表示，即：$c_B = \dfrac{n_B}{V}$

式中，n_B 表示溶质的物质的量；V 代表溶液的体积。c_B 常用的单位为 $mol \cdot L^{-1}$ 或 $mol \cdot m^{-3}$。

例如：$c_{NaCl} = 0.1000 mol \cdot L^{-1}$，表示 1L 溶液中所含 NaCl 的物质的量为 0.1000mol。

2. 质量浓度

溶液中溶质 B 质量除以溶液的体积，称为溶质 B 的质量浓度。用符号 ρ_B 表示，常用单位是 $g \cdot L^{-1}$，即：$\rho_B = \dfrac{m_B}{V_{溶液}}$

例如 25g NaCl 溶于水，配制成 1L 溶液，则其质量浓度为 $25g \cdot L^{-1}$。

3. 质量摩尔浓度

单位质量溶剂中所含溶质 B 的物质的量，称为溶质 B 的质量摩尔浓度。单位为 $mol \cdot kg^{-1}$，常以符号 b_B 表示，即：$b_B = \dfrac{n_B}{m_A}$

式中，n_B 表示溶质的物质的量；m_A 表示溶剂的质量。b_B 常用的单位为 $mol \cdot kg^{-1}$，使用时应注明物质的基本单位。

如：$b_{NaCl} = 0.0100 mol \cdot kg^{-1}$，表示：1kg 水中所含 NaCl 的物质的量 0.0100mol，若配制此溶液，则称取 0.5844gNaCl 溶于 1kg 水中即可。

质量摩尔浓度 b_B 的数值不随温度变化，对于溶剂是水的稀溶液（$b_B < 0.1 mol \cdot kg^{-1}$），$b_B$ 与 c_B 的数值相差很小。

4. 质量分数

质量分数定义为物质 B 的质量除以混合物的总质量。无量纲，常以符号 w_B 表示。即

$$w_B = \frac{m_B}{\sum_i m_i}$$

对于溶液来说，溶质 B 和溶剂 A 的质量分数分别为

$$w_B = \frac{m_B}{m_A + m_B} \qquad w_A = \frac{m_A}{m_A + m_B} \qquad 且\ w_B + w_A = 1$$

5. 体积分数

体积分数是指单位体积溶液中所含溶质 B 的体积，或者说混合物中某一组分 B 的体积与混合物总体积的比。常以符号以 φ_B 表示

其数学表达式为：

$$\varphi_B = \frac{V_B}{V}$$

式中，V_B 表示溶质的体积（m^3 或 L）；V 表示溶液的体积（m^3 或 L）。

6. 摩尔分数

混合物中物质 B 的物质的量 n_B 与混合物的总的物质的量之比，叫做物质 B 的摩尔分数。用符号 x_B 表示，无量纲。即

$$x_B = \frac{n_B}{\sum_i n_i}$$

混合物中各物质的摩尔分数之和等于 1，即

$$\sum_i x_i = 1$$

对于混合气体来讲各组分的压力分数、体积分数均等于其摩尔分数。

【练一练】 欲配制 $2mol \cdot L^{-1}$ 的硫酸溶液 500mL，需要密度为 $1.84g \cdot mL^{-1}$ 98% 的浓硫酸多少 mL？

7. 波美度

波美度（°Bé）是表示溶液浓度的一种方法。把波美比重计浸入所测溶液中，得到的度数叫波美度。波美度以法国化学家波美（Antoine Baume）命名。波美是药房学徒出身，曾任巴黎药学院教授。他创制了液体比重计——波美比重计。波美比重计有两种：一种叫重表，用于测量比水重的液体；另一种叫轻表，用于测量比水轻的液体。当测得波美度后，从相应化学手册的对照表中可以方便地查出溶液的质量分数。例如，在 15℃测得浓硫酸的波美度是 66°Bé，查表可知硫酸的质量分数是 98%。波美度数值较大，读数方便，所以在生产上常用波美度表示溶液的浓度（一定浓度的溶液都有一定的密度或比重）。

8. 滴定度

在实际应用中常用滴定度表示标准溶液的浓度，滴定度（T）是指每毫升标准溶液可滴定的或相当于可滴定的被测物质的质量，单位为 $g \cdot mL^{-1}$ 或 $mg \cdot mL^{-1}$。如：$AgNO_3$ 标准溶液对 NaCl 的滴定度用 $T_{NaCl/AgNO_3}$ 表示，当 $T_{NaCl/AgNO_3} = 0.001169g \cdot mL^{-1}$ 时，表

示每毫升 AgNO₃ 可与 0.001169g 的 NaCl 恰好反应。如果已知滴定中消耗 AgNO₃ 标准溶液的体积为 V，则被滴定 NaCl 的质量 $m_{NaCl} = TV$。

滴定度有时也可以用 1mL 标准溶液中所含溶质的质量（g）来表示。

【练一练】 浓度为 0.5000mol·L⁻¹ 的 NaOH 溶液，计算其对 H₂SO₄ 的滴定度。

9. 当量浓度❶

溶液的浓度用 1L 溶液中所含溶质的克当量数来表示的叫当量浓度，用符号 N 表示。当量浓度＝溶质的克当量数/溶液体积（L）。例如，1L 浓盐酸中含 12.0g 当量的盐酸（HCl），则浓度为 12.0N。

当量实际上是指物质的基本摩尔单元的摩尔质量。克当量数＝质量/当量

按照物质的类型不同，它们的当量可以按照下列公式求出：元素或单质的当量＝元素的相对原子质量/元素的化合价。例如：钙的当量＝40.08/2＝20.04。元素的当量往往称化合量（combining weight）。酸的当量＝酸的相对分子质量/酸分子中所含可被置换的氢原子数。例如：硫酸 H₂SO₄ 的当量＝98.08/2＝49.04。碱的当量＝碱的相对分子质量/碱分子中所含的氢氧基数。例如：氢氧化钠 NaOH 的当量＝40.01/1＝40.01。盐的当量＝盐的相对分子质量/（盐分子中的金属原子数×金属的化合价）。例如：硫酸铝 Al₂(SO₄)₃ 当量＝342.14/(2×3)＝342.14/6＝57.03。氧化剂的当量＝氧化剂的相对分子质量/氧化剂分子在反应中得到的电子数。例如：高锰酸钾在酸性溶液中（得到 5 个电子）的当量＝158.03/5＝31.61。还原剂的当量＝还原剂的相对分子质量/还原剂分子在反应中失去的电子数。例如：亚硫酸钠（失去 2 个电子）的当量＝126.05/2＝63.03。有关的氧化剂和还原剂的当量，往往总称为氧化还原当量（redox equivalent）。

一种物质在不同的反应中，可以有不同的当量。例如铁在 2 价铁化合物中的当量是55.847/2＝27.93，在 3 价铁化合物中的当量是 55.847/3＝18.62。又如铬酸钾 K₂CrO₄作为氧化剂时，当量是 194.20/3＝64.73；但作为盐时，当量是 194.20/2＝97.10。

物质相互作用时的质量，同它们的当量成正比。如 HCl，其基本摩尔单元 HCl，因此1 当量盐酸质量为 36.5g，而对 H₂SO₄ 而言，其基本摩尔单元为（1/2H₂SO₄），1 当量硫酸的质量为 49.04g，同样 KMnO₄ 的基本摩尔单元为（1/5KMnO₄），故 1 当量高锰酸钾的质量为 31.61g。因此当量浓度，0.1N 的盐酸指的是 0.1mol/L 浓度的盐酸溶液。0.1N的硫酸就是 0.05mol·L⁻¹ 的硫酸。

【分析与思考】 当量浓度与物质的量浓度的关系。

10. 对织物重

对织物重是指染料用量相对于织物质量的百分数，用 owf 表示。例如在某棉布浸染工艺处方中活性染料艳红 X-3B 的 owf 为 1%，则表示若要染 1kg 棉布需要活性染料艳红 10g。

---

❶ 当量浓度是用来表示溶液的浓度，在我国现在已废止。但目前一些染整企业仍有使用，故在此作些介绍。

【练一练】

(1) 如何配制 500mL 0.2% 的染料工作母液。

(2) 两块布各重 2g，分别按 owf=1% 和 owf=1.6% 打小样，则需各取工作母液多少毫克？

任务三　溶液的配制

一、玻璃仪器的洗涤与干燥

基础化学实验中要求使用洁净的器皿，因此，在使用前必须将器皿充分洗净。常用的洗涤方法有如下。

① 用水刷洗　用水和毛刷洗涤除去器皿上的污渍和其他不溶性和可溶性杂质。

② 用肥皂、合成洗涤剂洗涤　洗涤时先将器皿用水湿润，再用毛刷蘸少许洗涤剂，将仪器内外洗刷一遍，然后用水边冲边刷洗，直至洗净为止。

③ 用铬酸洗液（简称洗液）洗涤　洗液的配制方法是将 8g 重铬酸钾用少量水润湿，慢慢加入 180mL 粗浓硫酸，搅拌以加速溶解，冷却后储存于磨口试剂瓶中。将被洗涤器皿尽量保持干燥，倒少许洗液于器皿中，转动器皿使其内壁被洗液浸润（必要时可用洗液浸泡），然后将洗液倒回原装瓶内以备再用（若洗液的颜色变绿，则另作处理）。再用水冲洗器皿内残留的洗液，直至洗净为止。如用热的洗液洗涤，则去污能力更强。

洗液主要用于洗涤被无机物沾污的器皿，它对有机物和油污的去污能力也较强，常用来洗涤一些口小、管细等形状特殊的器皿，如吸管、容量瓶等。

洗液具有强酸性、强氧化性，对衣服、皮肤、桌面、橡胶等有腐蚀作用，使用时要特别小心。另外六价铬对人体有害，又污染环境，应尽量少用。已还原成绿色的铬酸洗液，可加入固体 $KMnO_4$ 使其再生。

④ 盐酸-乙醇洗液　将化学纯的盐酸和乙醇按 1：2 的体积比混合，此洗液主要用于洗涤被染色的吸收池、比色管、吸量管等。

除上述清洗方法外，还可以用超声波清洗器。只要把用过的器皿放在配有合适洗涤剂的溶液中，接通电源，利用声波的能量和振动，就可以将仪器清洗干净，既省时又方便。

不论用上述哪种方法洗涤器皿，最后都必须用自来水冲洗，再用蒸馏水或去离子水荡洗三次。洗净的器皿，放去水后内壁应只留下均匀一薄层水，如壁上挂着水珠，说明没有洗净，必须重洗。

器皿的干燥可根据不同的情况，采用下列方法。

① 晾干　实验结束后将洗净的器皿倒置于干净的实验柜内或容器架上自然晾干，以供下次实验使用。

② 烤干　烧杯和蒸发皿可以放在石棉网上用小火烤干。试管可以直接用火烤干，操作时应将管口朝下，并不时来回移动试管，待水珠消失后，将管口朝上，以便水气逸出。

③ 烘干　将洗净的器皿放进烘箱中烘干。放进烘箱前要先把水沥干，器皿口应朝下。

④ 有机溶剂干燥 在洗净的器皿内加入少量有机溶剂（最常用的是酒精和丙酮），再将其倾斜转动，壁上的水即与有机溶剂混合，然后倾出混合物，留在器皿内的有机溶剂快速挥发，而使器皿干燥。

有刻度的量器不能用加热的方法干燥，加热会影响这些容器的精密度，还可能造成破裂。一般采用晾干或有机溶剂干燥的方法，吹风时宜用冷风。

二、分析天平称量

分析天平是精确测定物体质量的计量仪器，也是化学化工实验中常用的仪器。熟练使用分析天平进行称量是分析工作者应具有的一项基本实验技能。

常用的分析天平有半机械加码电光天平、全机械加码电光天平和单盘电光天平等。各种型号和规格的双盘等臂天平，其构造和使用方法大同小异，现以 TG—328B 型半机械加码电光天平为例，介绍这类天平的构造和使用方法。

1. 结构

天平的外形和结构如图 1-10 所示。

① 天平横梁是天平的主要构件，一般由铝合金制成。三个玛瑙刀等距安装在梁上，梁的两边装有 2 个平衡螺丝，用来调整横梁的平衡位置（即粗调零点），梁的中间装有垂直的指针，用以指示平衡位置。支点刀的后上方装有重心螺丝，用以调整天平的灵敏度。

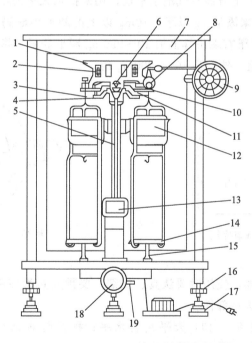

图 1-10 TG—328B 型半机械加码电光天平

1—横梁；2—平衡铊；3—吊耳；4—翼子板；5—指针；6—支点刀；7—框罩；
8—圈形砝码；9—指数盘；10—支柱；11—折叶；12—阻尼内筒；13—投影屏；
14—秤盘；15—盘托；16—螺旋脚；17—垫脚；18—升降旋钮；19—投影屏调节杆

② 横梁两端的承重刀上分别悬挂两个吊耳，吊耳的上钩挂有秤盘，下钩挂空气阻尼器。空气阻尼器是由两个特制的铝合金圆筒构成，其外筒固定在立柱上，内筒挂在吊耳

上。两筒间隙均匀，没有摩擦，开启天平后，内筒能自由上下运动，由于筒内空气阻力的作用使天平横梁很快停摆而达到平衡。

③ 指针下端装有缩微标尺（图1-11），光源通过光学系统将缩微标尺上的分度线放大，再反射到投影屏上，从屏上（光幕）可看到标尺的投影，中间为零，左负右正。屏中央有一条垂直刻线，标尺投影与该线重合处即为天平的平衡位置。天平箱下的投影屏调节杆可将光屏在小范围内左右移动，用于细调天平零点。缩微标尺刻有10大格，每个大格相当于1mg，每个大格又分为10小格（即10分度），每分度相当于0.1mg。因此在投影屏上可直接读出10mg以下至0.1mg的质量。

④ 天平升降旋钮，位于天平底板正中，它连接托梁架、盘托和光源。开启天平时，顺时针旋转升降旋钮，托梁架即下降，梁上的三个刀口与相应的玛瑙平板接触，吊钩及秤盘自由摆动，同时接通了光源，屏幕上显出标尺的投影，天平已进入工作状态。停止称量时，关闭升降旋钮，则横梁、吊耳及秤盘被托住，刀口与玛瑙平板离开，光源切断，屏幕黑暗，天平进入休止状态。

为了保护刀口，旋转旋钮带动升降枢纽可以使天平慢慢托起或放下。当天平不使用时应将横梁托起，使刀口与玛瑙平板分开。切不可接触未将天平梁托起的天平，以免磨损刀口。

⑤ 天平箱下装有三个脚，前面的两个脚带有旋钮，可使底板升降，用以调节天平的水平位置。天平立柱的后上方装有气泡水平仪，用来指示天平的水平位置。

⑥ 机械加码器是用来添加1g以下、10mg以上的圈形小砝码。使用时转动圈码指数盘（图1-12），可使天平梁右端吊耳上加10～990mg圈形砝码。指数盘上刻有圈码的质量值，内层为10～90mg组，外层为100～900mg组。

图1-11　微缩标尺　　　　　　　　图1-12　圈码指数盘

2. 使用方法

分析天平是精密仪器，使用时要认真、仔细，要预先熟悉使用方法，否则容易出错，使得称量不准确或损坏天平部件。

① 检查天平是否正常　如：天平是否水平；秤盘是否洁净；圈码指数盘是否在"000"位；圈码有无脱位；吊耳是否错位等。

② 调节零点　接通电源，打开升降旋钮，此时在光屏上可以看到标尺的投影在移动，当标尺稳定后，如果屏幕中央的刻线与标尺上的0.00位置不重合，可拨动投影屏调节杆，移动屏的位置，直到屏中刻线恰好与标尺中的"0"线重合，即为零点。如果屏的位置已移到尽头仍调不到零点，则需关闭天平，调节横梁上的平衡螺丝，再开启天平继续拨动投影屏调节杆，直至调定零点。然后关闭天平，准备称量。

③ 称量　将欲称物体先在台秤上粗称，然后放到天平左盘中心。根据粗称的数据在天平右盘上加相应的砝码。半开天平，观察标尺移动方向或指针倾斜方向（若砝码加多了，则标尺的投影向右移，指针向左倾斜）以判断所加砝码是否合适及如何调整。砝码调定后，再依次调整百毫克组和十毫克组圈码。调定圈码至 10mg 位后，完全开启天平，准备读数。砝码未完全调定时不可完全开启天平，以免横梁过度倾斜，造成错位或吊耳脱落。

④ 读数　砝码调定，关闭天平门，待标尺停稳后即可读数。被称物的质量等于砝码总量加圈码的读数，再加标尺读数（均以 g 计）。

⑤ 实验结束，仪器复原　称量、记录完毕，随即关闭天平，取出被称物，将砝码夹回盒内，圈码指数盘退回到"000"位，关闭两侧门，盖上防尘罩。

3. 使用注意事项

① 开、关天平升降旋钮，开、关天平侧门，加、减砝码，放、取被称物等操作，其动作都要轻、缓，切不可用力过猛，否则，往往会造成天平部件脱位。

② 调定零点及记录称量读数后，应随手关闭天平。加、减砝码和被称物必须在天平处于关闭状态下进行。砝码未调定时不可完全开启天平。

③ 称量读数时必须关闭两个侧门，并完全开启天平。双盘天平的前门仅供安装或检修天平时使用。

④ 所称物品质量不得超过天平的最大载量。称量读数必须立即记在实验记录本中，不得记在其他地方。

⑤ 如果发现天平不正常，应及时报告教师或实验室工作人员，不要自行处理。

⑥ 称量完毕，应随即将天平复原，并检查天平周围是否清洁。

⑦ 天平使用一定时间（半年或一年）后，要清洗、擦拭玛瑙刀口和砝码，并检查计量性能和调整灵敏度。这项工作由实验室技术人员进行。

三、电子天平称量

1. 称量原理

电子天平是最新一代的天平，目前应用的主要有顶部承载式（吊挂单盘）和底部承重式（上皿式）两种。尽管不同类型的电子天平的控制方式和电路不尽相同，但其称量原理大都依据电磁力平衡理论。

我们知道，把通电导线放在磁场中时，导线将产生电磁力，力的方向可以用左手定则来判定。当磁场强度不变时，力的大小与流过线圈的电流强度成正比。如果使重物的重力方向向下，电磁力的方向向上，并与之相平衡，则通过导线的电流与被称物体的质量成正比。

电子天平的秤盘通过支架连杆与线圈相连，线圈置于磁场中。秤盘及被称物体的重力通过连杆支架作用于线圈上，方向向下。线圈内有电流通过，产生一个向上作用的电磁力，与秤盘重力方向相反，大小相等。位移传感器处于预定的中心位置，当秤盘上的物体质量发生变化时，位移传感器检出信号，经调节器和放大器改变线圈的电流直至线圈回到中心位置为止。通过数字显示物体的质量。

2. 性能特点

① 电子天平支撑点采用弹性簧片，没有机械天平的宝石或玛瑙刀，取消了升降装置，

采用数字显示方式代替指针刻度式显示。使用寿命长，性能稳定，灵敏度高，操作方便。

② 电子天平采用电磁力平衡原理，称量时全量程不用砝码。放上被称物后，在秒钟内即达到平衡，显示读数，称量速度快，精度高。

③ 有的电子天平具有称量范围和读数精度可变的功能，如瑞士梅特勒 AE240 天平，在 0～205g 称量范围，读数精度为 0.1mg。在 0～41g 称量范围内，读数精度 0.01mg。可以一机多用。

④ 分析及半微量电子天平一般具有内部校正功能。天平内部装有标准砝码，使用校准功能时，标准砝码被启用，天平的微处理器将标准砝码的质量值作为校准标准，获得正确的称量数据。

⑤ 电子天平是高智能化的，可在全量程范围内实现去皮重、累加，超载显示、劫报警等。

⑥ 电子天平具有质量电信号输出，这是机械天平无法做到的。它可以连接打机、计算机，实现称量、记录和计算的自动化。同时也可以在生产、科研中作为称量、检测的手段，或组成各种新仪器。

3. 使用方法

图 1-13 是电子天平外形及各部件图（ES—J 系列）。清洁天平各部件后，放好天平，调节水平，依次将防尘隔板、防风环、盘托、秤盘放上，连接电源线即可。电子天平的使用要按《使用说明书》进行操作，使用时要注意以下几点。

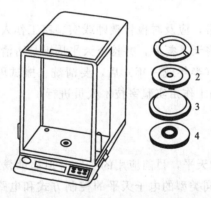

图 1-13　电子天平外形及相关部件
1—秤盘；2—盘托；3—防风环；4—防尘隔板

① 使用前检查天平是否水平，调整水平。

② 称量前接通电源预热 30min。

③ 校准。首次使用天平必须先校准。将天平从一地移到另一地使用时或在使用一段时间（30 天左右）后，应对天平重新校准。为使称量更为精确，亦可随时对天平进行校准。校准可按说明书，用内装校准砝码或外部自备有修正值的校准砝码进行。

④ 称量。按下显示屏的开关键，待显示稳定的零点后，将物品放到秤盘上，关上防风门。显示稳定后即可读取称量值。操纵相应的按键可以实现"去皮"、"增重"、"减重"等称量功能。

短时间（例如 2h）内暂不使用天平，可不关闭天平电源开关，以免再使用时重新通电预热。

4. 称量方法

根据不同的称量对象，需采用相应的称量方法。对机械天平而言，大致有如下几种常用的称量方法。

（1）直接法

天平零点调定后，将被称物直接放在秤盘上，所得读数即为被称物的质量。这种称量方法适用于称量洁净干燥的器皿、棒状或块状的金属及其他整块的不易潮解或升华的固体样品。注意，不得用手直接取放被称物，可采用戴汗布手套、垫纸条、用镊子或钳子等适宜的办法。

（2）减量法（差减法）

取适量待称样品置于一干燥洁净的容器（称量瓶、纸簸箕、小滴瓶等）中，在天平上准确称量后，取出欲称取量的样品置于实验器皿中，再次准确称量，两次称量读数之差，即为所称得样品的质量。如此重复操作，可连续称取若干份样品。这种称量方法适用于一般的颗粒状、粉末状试剂或试样及液体试样。

称量瓶的使用方法：称量瓶（图 1-14）是减量法称量粉末状、颗粒状样品最常用的容器。用前要洗净烘干，用时不可直接用手拿，而应用纸条套住瓶身中部，用手指捏紧纸条进行操作，这样可避免手汗和体温的影响。先将称量瓶放在台秤上粗称，然后将瓶盖打开放在同一秤盘上，根据所需样品量（应略多些）向右移动游码或加砝码。用药勺缓缓加入样品至台秤平衡。盖上瓶盖，再拿到天平上准确称量并记录读数。拿出称量瓶，在盛接样品的容器上方打开瓶盖并用瓶盖的下面轻敲称量瓶口的右上部，使样品缓缓倾入容器（图 1-15）。估计倾出的样品已够量时，再边敲瓶口边将瓶身扶正，盖好瓶盖后方可离开容器的上方，再准确称量。如果一次倾出的样品质量不够，可再次倾倒样品，直至倾出样品的量满足要求后，再记录第二次天平称量的读数。

图 1-14 称量瓶

图 1-15 倾出试样的操作

（3）固定量称量法（增量法）

直接用基准物质配制标准溶液时，有时需要配成一定浓度值的溶液，这就要求所称基准物质的质量必须是一定的。例如配制 100mL 含钙 $1.000mg \cdot mL^{-1}$ 的标准溶液，必须准确称取 0.2497g $CaCO_3$ 基准试剂。称量方法是：准确称量一洁净干燥的小烧杯（50 或 100mL），读数后再适当调整砝码，在天平半开状态下，小心缓慢地向烧杯中加 $CaCO_3$ 试剂，直至天平读数正好增加 0.2497g 为止。这种称量操作的速度很慢，适用于不易吸潮的粉末状或小颗粒（最大颗粒应小于 0.1mg）样品。

【实践操作】

电子天平的使用

1. 仪器和试剂

仪器：台秤，分析天平，干燥器，称量瓶，小烧杯

试剂：$CuSO_4 \cdot 5H_2O$ 固体粉末

2. 实验步骤

(1) 直接称样法

从干燥器中取出盛有 $CuSO_4 \cdot 5H_2O$ 粉末的称量瓶和干燥的小烧杯，先在台秤上粗称其质量，记在记录本上。然后按粗称质量在分析天平上加好克重砝码，只要调节指数盘就可准确称出（称量瓶＋试样）的质量和空烧杯的质量（准确至 0.1mg）。记录（称量瓶＋试样）的质量 m_1、空烧杯质量 m_0。

(2) 减量称样法

将称量瓶中的试样慢慢倾入按上法已准确称出质量的空烧杯中。倾样时，由于初次称量，缺乏经验，很难一次倾准，因此要试称，即第一次倾出少些，粗称此量，根据此质量估计不足的量（为倾出量的份数），继续倾出此量，然后再准确称重，设为 m_2，则（$m_1 - m_2$）为倾出试样的质量。

称出（小烧杯＋试样）的质量，记为 m_3。检查（$m_1 - m_2$）是否等于小烧杯增加的质量（$m_3 - m_0$），如不相等，求出差值。要求每份试样质量在 0.2～0.4g，称量的绝对差值小于 0.5mg。如不符合要求，分析原因并继续再称。

(3) 指定质量称样法

对于在空气中稳定的试样如金属、矿石样，常称取某一固定质量的试样。可先在天平两边托盘上放等重的两块洁净的表面皿，重新"调零"后，在右盘上增加固定质量的砝码，用药匙将试样加在左盘表面皿中央。开始时加入少量试样，然后慢慢将试样敲入表面皿中，每次敲入后打开天平升降枢观察，直至天平停点与称量"调零"时相一致（误差±0.2mg）。

经称量练习后，如果实验结果已符合要求，再做一次计时称量练习，以检验自己称量操作的熟练程度。

3. 数据记录与处理：

称量次数	1	2	3
倾出前 m_1(称瓶＋试样)/g			
倾出后 m_2(称瓶＋试样)/g			
称出试样($m_1 - m_2$)/g			
空烧杯 m_0/g			
(烧杯＋试样)m_3/g			
称得试样($m_3 - m_0$)/g			
绝对差值/mg			

注：绝对差值＝$(m_1 - m_2) - (m_3 - m_0)$

【分析与思考】

(1) 为什么在天平梁没有托住的情况下，绝对不允许把任何东西放在盘上或从盘上取下？

(2) 电光分析天平称量前一般要调好零点，如偏离零点标线几小格，能否进行称量？

(3) 指定质量称样法和减量称样法各宜在体积情况下采用？

(4) 用减量法和增重法分别称取 0.2g NaCl，试问可以用角匙添加样品吗？

四、容量瓶的使用

容量瓶是细颈梨形平底玻璃瓶，由无色或棕色玻璃制成（图 1-16），带有磨口玻璃塞，颈上有一标线。容量瓶主要用于配制准确浓度的溶液或定量地稀释溶液。

容量瓶使用前，必须检查瓶口是否漏水。检漏时，在瓶中加水至刻线附近，盖上瓶塞，用一手食指按住瓶塞，将瓶倒立 2min，观察瓶塞周围是否渗水。然后将瓶直立，将瓶塞旋转 180°再检查一次，若仍不渗水，即可使用。

用固体物质（基准试剂或被测样品）配制溶液时，应先在烧杯中将固体物质完全溶解后再转移至容量瓶中。转移时要使溶液沿玻璃棒流入瓶中，其操作方法如图 1-16(a) 所示。当烧杯中的溶液流尽后，在烧杯仍靠着玻璃棒的情况下，让玻璃棒沿烧杯嘴稍向上提起至杯嘴，再慢慢竖起烧杯，使烧杯和玻璃棒之间附着的液滴流回烧杯中，再将玻璃棒末端残留的液滴靠入瓶口内。在瓶口上方将玻璃棒放回烧杯内，但不得将玻璃棒靠在烧杯嘴一边。然后再用少量蒸馏水（或其他溶剂）冲洗烧杯 3～4 次，洗出液按上法全部转移入容量瓶中。当溶液达 2/3 容量时，应将容量瓶沿水平方向轻轻摆动几周以使溶液初步混匀。再加水至刻线以下约 1cm，等待 1～2min，最后用滴管从刻线以上 1cm 以内的一点沿颈壁缓缓加水至弯液面最低点与标线上边缘水平相切，随即盖紧瓶塞，左手捏住瓶颈上端，食指压住瓶塞，右手三指托住瓶底 [图 1-16(b)]，将容量瓶颠倒多次，每次颠倒时都应使瓶内气泡升到顶部，倒置时应水平摇动几周 [图 1-16(c)]，如此重复操作，可使瓶内溶液充分混匀。100mL 以下的容量瓶，可不用右手托瓶，一只手抓住瓶颈及瓶塞进行颠倒和摇动即可。

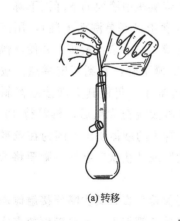　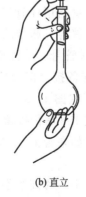　

(a) 转移　　　　　(b) 直立　　　　　(c) 旋摇

图 1-16　容量瓶的使用

注意：对玻璃有腐蚀作用的溶液，如强碱溶液，不能在容量瓶中久储，配好后应立即转移到其他容器（如塑料试剂瓶）中密闭存放。

【做一做】 250mL容量瓶的校准与使用

五、移液管和吸量管的使用

移液管和吸量管都是用于准确移取一定体积溶液的玻璃量器。移液管的中间有一膨大部分，管颈上部刻有一标线，用来控制所吸取溶液的体积。移液管的容积单位为毫升（mL），其容量为在一定的温度时按规定方式排空后所流出纯水的体积。吸量管是带有分刻度的玻璃管，如图1-17所示，用于吸取不同体积的液体。

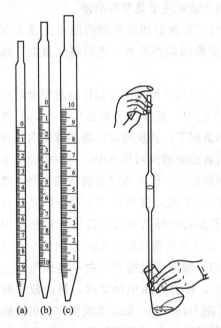

图1-17　吸量管　　图1-18　移液管的操作

移液管或吸量管吸取溶液之前，首先应该用铬酸洗液将其洗净，使其内壁及下端的外壁均不挂水珠。然后经自来水和蒸馏水荡洗三次，用滤纸片将流液口内外残留的水擦掉。移取溶液之前，先用欲移取的溶液荡洗三次。方法是：用洗净并烘干的小烧杯倒出一部分欲移取的溶液，用移液管吸取溶液5～10mL，立即用右手食指按住管口（尽量勿使溶液回流，以免稀释），将管横过来，用两手的拇指及食指分别拿住移液管的两端，转动移液管并使溶液布满全管内壁，当溶液流至距上口2～3cm时，将管直立，使溶液由尖嘴（流液口）放出，弃去。

用移液管自容量瓶中移取溶液时，右手拇指及中指拿住管颈刻线以上的地方，将移液管插入容量瓶内液面以下1～2cm深度。不要插入太深，以免外壁沾带溶液过多；也不要插入太浅，以免液面下降时吸空。左手拿洗耳球，排除空气后紧按在移液管口上，借吸力使液面慢慢上升，移液管应随容量瓶中液面的下降而下降。当管中液面上升至刻线以上时，迅速用右手食指堵住管口（食指最好是潮而不湿），用滤纸擦去管尖外部的溶液，将移液管的尖嘴靠着容量瓶颈的内壁，左手拿容量瓶，并使其倾斜约30°。稍松食指，用拇指及中指轻轻捻转管身，使液面缓慢下降，直到调定零点。按紧食指，使溶液不再流出，将移液管移入准备接受溶液的容器中，仍使其尖嘴接触倾斜的器壁。松开食指，使溶液自由地沿壁流下（图1-18），待溶液流至尖嘴后，再等待15s，以促使残留在管尖的液体流出。但不要把15s后仍残留在管尖的液体吹出，因为在校准移液管体积时，没有把这部分液体算在内（如果管上有"吹"或"快吹"字样，则要将管尖的液体吹出）。

注意：在调整零点和排放溶液过程中，移液管都要保持垂直，其尖嘴要接触倾斜的器壁（不可接触下面的溶液）并保持不动；移液管用完应放在管架上，不要随便放在实验台上，尤其要防止管颈下端被沾污。

吸量管的使用方法与移液管大致相同。但移取溶液时，由于吸量管的容量精度低于移液管，所以在移取 2mL 以上固定量溶液时，应尽可能使用移液管。使用吸量管时，尽量在最高标线调整零点，避免使用末端，因为末端处的刻度不太准。

六、一般溶液的配制

一般溶液时指非标准溶液，它在分析工作中常作为溶液样品、调节 pH、分离或掩蔽离子、显色等使用。

配制溶液的一般步骤（见图 1-19），以配制 500mL 浓度为 2% 的 NaCl 溶液为例。

① 计算　计算所需称取的 NaCl 的质量为：

$$m_{NaCl} = m_{溶液}w = \rho_{溶液}Vw \approx 1g \cdot mL^{-1} \times 500mL \times 2\% = 10g$$

② 称量　准确称取 10g 固体 NaCl 于 100mL 烧杯中。

③ 溶解　加适量蒸馏水溶解。

④ 转移　用玻璃棒引流，将 NaCl 溶液转移到 500mL 容量瓶中，同时再用少量蒸馏水洗涤烧杯 2～3 次，一起转移至容量瓶中。

⑤ 定容　用蒸馏水稀释溶液至容量瓶的刻度线处。

⑥ 摇匀　盖上瓶塞，摇匀即可。

图 1-19　配制溶液的步骤

近年来，国内外文献资料中采用 1∶1（即 1＋1）、1∶2（即 1＋2）等体积比表示浓度。例如 1∶1 H_2SO_4 溶液，即量取 1 份体积原装浓 H_2SO_4，与 1 份体积的水混合均匀。又如 1∶3 HCl，即量取 1 份体积原装浓盐酸与三份体积的水混匀。

配制溶液时，应根据对溶液浓度的准确度的要求，确定在哪一级天平上称量；记录时应记准至几位有效数字；配制好的溶液选择什么样的容器等。该准确时就应该很严格；允许误差大些的就可以不那么严格。这些"量"的概念要很明确，否则就会导致错误。如配制 $0.1mol \cdot L^{-1}$ $Na_2S_2O_3$ 溶液需在台秤上称 25g 固体试剂，如在分析天平上称取试剂，反而是不必要的。配制及保存溶液时可遵循下列原则。

① 经常并大量用的溶液，可先配制浓度约大 10 倍的储备液，使用时取储备液稀释 10 倍即可。

② 易侵蚀或腐蚀玻璃的溶液，不能盛放在玻璃瓶内，如含氟的盐类（如 NaF、NH_4F、NH_4HF_2）、苛性碱等应保存在聚乙烯塑料瓶中。

③ 易挥发、易分解的试剂及溶液，如 I_2、$KMnO_4$、H_2O_2、$AgNO_3$、$H_2C_2O_4$、$Na_2S_2O_3$、$TiCl_3$、氨水、Br_2 水、CCl_4、$CHCl_3$、丙酮、乙醚、乙醇等溶液及有机溶剂等

均应存放在棕色瓶中，密封好放在暗处阴凉地方，避免光的照射。

④ 配制溶液时，要合理选择试剂的级别，不许超规格使用试剂，以免造成浪费。

⑤ 配好的溶液盛装在试剂瓶中，应贴好标签，注明溶液的浓度、名称以及配制日期。

【做一做】

(1) 配制 250mL 的 $20g \cdot L^{-1}$、$0.1mol \cdot L^{-1}$、$0.1N$ 的 NaCl 溶液。

(2) 用 1.00、2.00、5.00、10.00 和 25.00mL 的吸量管或移液管吸取上述配制的溶液。

【练习与测试】

一、判断题

1. 所有非电解质的稀溶液，均具有稀溶液的依数性。(   )

2. 难挥发非电解质稀溶液的依数性不仅与溶质种类有关，而且与溶液的浓度成正比。(   )

3. 难挥发非电解质溶液的蒸气压实际上是溶液中溶剂的蒸气压。(   )

4. 有一稀溶液浓度为 c，沸点升高值为 ΔT_b，凝固点下降值为 ΔT_f，则 ΔT_f 必大于 ΔT_b。(   )

5. 溶剂通过半透膜进入溶液的单方向扩散的现象称作渗透现象。(   )

6. 由于乙醇比水易挥发，故在相同温度下，乙醇的蒸气压大于水的蒸气压。(   )

7. 质量相等的甲苯和苯均匀混合，溶液中甲苯和苯的摩尔分数都是 0.5。(   )

8. 溶剂中加入难挥发溶质后，溶液的蒸气压总是降低，沸点总是升高。(   )

二、选择题

1. 0.288g 某溶质溶于 15.2g 己烷（C_6H_{14}）中，所得溶液为 $0.221mol \cdot kg^{-1}$，该溶质的相对分子质量为（   ）。

   A. 85.7   B. 18.9   C. 46   D. 96

2. 若 35.0% $HClO_4$ 水溶液的密度为 $1.251g \cdot mL^{-1}$，则其浓度和质量摩尔浓度分别为（   ）。

   A. $5.36mol \cdot L^{-1}$ 和 $4.36mol \cdot kg^{-1}$ B. $13mol \cdot L^{-1}$ 和 $2.68mol \cdot kg^{-1}$

   C. $4.36mol \cdot L^{-1}$ 和 $5.36mol \cdot kg^{-1}$ D. $2.68mol \cdot L^{-1}$ 和 $3mol \cdot kg^{-1}$

3. $1.50mol \cdot L^{-1}$ HNO_3 溶液的密度 $\rho = 1.049g \cdot cm^{-3}$，则其质量摩尔浓度（$mol \cdot kg^{-1}$）为（   ）。

   A. 3.01   B. 1.73   C. 1.57   D. 1.66

4. 若 $NH_3 \cdot H_2O$ 的质量摩尔浓度为 $m(mol \cdot kg^{-1})$，密度为 $\rho(g \cdot mL^{-1})$，则 $NH_3 \cdot H_2O$ 的质量分数为（   ）。

   A. $\dfrac{17m}{10\rho}$ B. $\dfrac{17m}{1000+17m}$ C. $\dfrac{17m}{1000}$ D. $\dfrac{35m}{10}$

5. 密度为 $\rho(g \cdot mL^{-1})$ 的氨水中氨的摩尔分数为 x，其质量摩尔浓度为（   ）（$mol \cdot kg^{-1}$）。

   A. $\dfrac{1000x}{17x+18(1-x)}$ B. $\dfrac{1000x}{18(1-x)}$ C. $\dfrac{1000x}{35+18(1-x)}$ D. $\dfrac{1000x\rho}{18(1-x)}$

6. 有一种溶液浓度为 c，沸点升高值为 ΔT_b，凝固点下降值为 ΔT_f，则（   ）。

    A. $\Delta T_f > \Delta T_b$　　　　B. $\Delta T_f = \Delta T_b$　　　　C. $\Delta T_f < \Delta T_b$　　　　D. 无确定关系

7. 常压下，难挥发物质的水溶液沸腾时，其沸点（   ）。

    A. 100℃　　　　　　　B. 高于100℃　　　　　C. 低于100℃　　　　　D. 无法判断

8. 对于以 $AgNO_3$ 为稳定剂的 $AgCl$ 水溶胶胶团结构，可以写成：

$$\{[AgCl]_m n Ag^+ \cdot (n-x)NO_3^-\}^{x+} \cdot x NO_3^-$$

则被称为胶体粒子的是指（   ）。

    A. $[AgCl]_m$　　　　　　B. $[AgCl]_m n Ag^+$　　　　C. $\{[AgCl]_m n Ag^+ \cdot (n-x)NO_3^-\}^{x+}$

    D. $\{[AgCl]_m n Ag^+ \cdot (n-x)NO_3^-\}^{x+} \cdot x NO_3^-$

9. 胶体系统是指分散相粒子直径 d 至少在某个方向上在（   ）的分散系统。

    A. 0～1nm　　　　　　B. 1～50nm　　　　　　C. 1～100nm　　　　　D. 1～1000nm

10. 布朗运动的实质是（   ）。

    A. 胶体粒子的扩散运动　　　　　　　　　　B. 胶体粒子的热运动

    C. 胶体粒子的沉降运动　　　　　　　　　　D. 胶体粒子在电场中的定向运动

三、计算题

1. 将 23.0345g 的乙醇溶于 0.5000kg 的水中，所形成溶液的密度为 922.0kg·m^{-3}。计算乙醇的摩尔分数、质量摩尔浓度及其物质的量浓度。已知 $M_{H_2O} = 18.015 g \cdot mol^{-1}$，$M_{C_2H_5OH} = 46.069 g \cdot mol^{-1}$。

2. 10.00mL NaCl 饱和溶液重 12.003g，将其蒸干后得到 NaCl 3.173g，试求（1）该溶液的质量摩尔浓度；（2）溶液的物质的量的浓度；（3）盐的摩尔分数；（4）水的摩尔分数。

3. 将 7.00g 结晶草酸（$H_2C_2O_4 \cdot 2H_2O$）溶于 93.0g 水，所得溶液的密度 1.025g·mL^{-1}，求该溶液的（1）质量分数；（2）质量浓度；（3）物质的量浓度；（4）质量摩尔浓度；（5）摩尔分数。

项目二 染整加工液中酸碱含量的测定

【知识与技能要求】

1. 掌握酸碱平衡和酸碱滴定法的相关知识；
2. 熟悉酸碱滴定过程中指示剂的选择与滴定终点判断的方法；
3. 熟练配制及标定各种酸碱标准溶液；
4. 学会用酸碱滴定法测定染整加工液中常见酸、碱的含量；
5. 熟练使用电子天平、滴定管、容量瓶、移液管、吸量管等仪器；
6. 能对实验数据进行记录、处理，独立书写实验报告，并能对实验结果进行评价。

任务一　知识准备

一、酸碱平衡

1. 酸碱定义

(1) 解离理论

1884 年，瑞典科学家阿仑尼乌斯提出了酸碱解离理论：在水溶液中解离出的阳离子全部是 H^+ 的物质叫酸，解离产生的阴离子全部是 OH^- 的物质叫碱。酸碱反应的实质是 H^+ 和 OH^- 结合成水的过程。解离理论无法说明一些物质的水溶液呈现的酸碱性（如 $NH_3 \cdot H_2O$、NaAc 等），也不适用于非水溶液。

(2) 质子理论

酸碱质子理论是丹麦的布朗斯特德和英国的劳瑞于 1923 年提出的。质子理论认为：凡是能给出质子（H^+）的物质为酸；凡能接受质子的物质为碱。酸碱反应的实质是质子的转移。比如：

$$NH_3 + H_2O \Longrightarrow NH_4^+ + OH^-$$

因为 NH_3 接受水提供的质子，它是碱，所以氨水呈碱性，而水在这个反应中是酸。质子理论把酸碱与溶剂联系起来考虑，强调溶剂的作用，能对酸碱平衡进行严格的计算，也适用于非水溶液，因此目前分析化学领域中普遍采用质子理论。

2. 共轭酸碱对

根据质子理论，酸 HA 给出质子后转变为碱 A^-，碱 A^- 接受质子后转变为酸 HA。酸 HA 和碱 A^- 之间的相互依存关系称为共轭关系。HA 是 A^- 的共轭酸，A^- 是 HA 的共轭碱，$HA \sim A^-$ 称为共轭酸碱对。例如：$NH_4^+ \sim NH_3$、$HAc \sim Ac^-$、$H_3PO_4 \sim H_2PO_4^-$、$H_2PO_4^- \sim HPO_4^{2-}$、$HPO_4^{2-} \sim PO_4^{3-}$ 等，都是共轭酸碱对。

共轭酸碱对中的酸与碱之间只差一个质子，酸和碱可以是中性分子，也可以是正离子或负离子。而 HCO_3^- 在不同的共轭酸碱对中分别呈现酸或碱的性质，这类物质称为两性物质，如 H_2O、$H_2PO_4^-$、HPO_4^{2-} 等均为两性物质。

在共轭酸碱对中，如果酸愈易给出质子，酸性愈强，则其共轭碱的碱性就愈弱。例如 $HClO_4$、HCl 都是强酸，它们的共轭碱 ClO_4^-、Cl^- 都是极弱的碱。反之，酸愈弱，给出质子的能力愈弱，则其共轭碱的碱性就愈强。

◎ **【练一练】** 找出下列物质的共轭酸或共轭碱：H_2O、H_2CO_3、HSO_4^-、CN^-、HCO_3^-。

3. 一元弱酸、弱碱的解离平衡常数

一元弱酸的解离过程（以醋酸为例）为：

$$HAc \rightleftharpoons H^+ + Ac^-$$

一方面，HAc 不断地解离成 H^+ 和 Ac^-；另一方面，H^+ 和 Ac^- 又重新结合成 HAc。在一定条件下，当分子解离成离子的速度和离子重新结合成分子的速度相等时，解离过程就达到了平衡状态，称为解离平衡。解离平衡也是动态平衡，平衡时单位时间内解离的分子数和离子重新结合生成的分子数相等。

根据化学平衡常数的定义，溶液中各离子浓度的乘积与分子的浓度之比是一个常数，这个常数称为解离平衡常数，简称解离常数。弱酸用 $K_a^\ominus$ 表示，弱碱用 $K_b^\ominus$ 表示。

对于任意一个一元弱酸（以 HA 表示）在溶液中存在下列解离平衡：

$$HA \rightleftharpoons H^+ + A^-$$

$$K_a^\ominus = \frac{[H^+][A^-]}{[HA]}$$

式中，$K_a^\ominus$ 表示弱酸的解离常数；$[H^+]$、$[A^-]$ 和 $[HA]$ 分别表示 H^+、A^- 和 HA 的平衡浓度（$mol \cdot L^{-1}$）。

同样，对于任意一个一元弱碱（以 BOH 表示）在溶液中存在下列解离平衡：

$$BOH \rightleftharpoons B^+ + OH^-$$

$$K_b^\ominus = \frac{[B^+][OH^-]}{[BOH]}$$

式中，$K_b^\ominus$ 表示弱碱的解离常数；$[B^+]$、$[OH^-]$ 和 $[BOH]$ 分别表示 B^+、OH^- 和 BOH 的平衡浓度（$mol \cdot L^{-1}$）。

弱电解质的解离常数表明，在解离平衡时，已解离的各离子浓度的乘积与未解离的分子浓度之比是一常数。由化学平衡常数的意义可知，解离常数的大小表示弱酸、弱碱的相对强弱。$K_a^\ominus$（$K_b^\ominus$）越小，表明其酸（碱）性越弱。表 2-1 列出了几种常见弱电解质的解离常数（25℃）。在相同温度下，解离常数大的电解质强些，解离程度大些。例如 HAc 的 $K_a^\ominus$ 为 1.76×10^{-5}，而 HCN 的 $K_a^\ominus$ 为 4.93×10^{-10}，说明 HCN 是比 HAc 更弱的酸。

解离常数随温度而变化，但影响并不显著。由于我们经常涉及常温下的解离平衡，故一般不考虑温度对它们的影响。

表 2-1　几种常见弱电解质的解离常数（25℃）

电解质	分子式	解离常数	电解质	分子式	解离常数
醋酸	HAc	$K_a^{\ominus}=1.76\times10^{-5}$	甲酸	HCOOH	$K_a^{\ominus}=1.77\times10^{-5}(20℃)$
氢氰酸	HCN	$K_a^{\ominus}=4.93\times10^{-10}$	亚硫酸	H_2SO_3	$K_{a1}^{\ominus}=1.54\times10^{-2}(18℃)$
氢氟酸	HF	$K_a^{\ominus}=3.53\times10^{-4}$			$K_{a2}^{\ominus}=1.02\times10^{-7}(18℃)$
氢硫酸	H_2S	$K_{a1}^{\ominus}=9.1\times10^{-8}(18℃)$ $K_{a2}^{\ominus}=1.1\times10^{-12}(18℃)$	磷酸	H_3PO_4	$K_{a1}^{\ominus}=7.52\times10^{-3}$ $K_{a2}^{\ominus}=6.23\times10^{-8}$ $K_{a3}^{\ominus}=2.2\times10^{-13}$
碳酸	H_2CO_3	$K_{a1}^{\ominus}=4.3\times10^{-7}$ $K_{a2}^{\ominus}=5.6\times10^{-21}$	氨水	$NH_3\cdot H_2O$	$K_b^{\ominus}=1.79\times10^{-5}$

4．水的解离平衡

水既是质子酸又是质子碱，水分子间能发生质子的传递作用，称为水的质子自递反应。

$$H_2O+H_2O\Longleftrightarrow H_3O^++OH^-$$

以上反应的平衡常数称为水的质子自递常数，用 $K_w^{\ominus}$ 表示。根据化学平衡原理，$K_w^{\ominus}=[H_3^+O][OH^-]$。水合质子 H_3^+O 可简写成 H^+，所以水的质子自递常数可表示为：

$$K_w^{\ominus}=[H^+][OH^-]$$

$K_w^{\ominus}$ 也称为水的离子积常数，简称水的离子积，表明在一定温度下，水溶液中 $[H^+]$ 和 $[OH^-]$ 乘积是一个常数。298K 时，$K_w^{\ominus}=10^{-14}$。同化学平衡常数一样，$K_w^{\ominus}$ 仅是温度的函数。由于水的解离是吸热过程，所以 $K_w^{\ominus}$ 随温度升高而增大。在常温下，$K_w^{\ominus}$ 一般都以 1.0×10^{-14} 进行计算。

对纯水来说，平衡时 $K_w^{\ominus}=[H^+][OH^-]$。如果在纯水中加入某种电解质形成稀溶液，例如加入盐酸或氢氧化钠，由于 $[H^+]$ 或 $[OH^-]$ 将增大，水的解离平衡发生移动，当再次达到平衡时，$[H^+]$ 和 $[OH^-]$ 不再相等，但 H^+ 或 OH^- 必定同时存在，且 $K_w^{\ominus}=[H^+][OH^-]$。因此，若已知溶液中 H^+ 或 OH^- 的浓度，便可根据水的离子积求出溶液中 OH^- 或 H^+ 的浓度。

【分析与思考】　HCl 和 NaOH 溶液中，各存在哪些分子和离子？

5．共轭酸碱对 $K_a^{\ominus}$ 和 $K_b^{\ominus}$ 的关系

共轭酸碱对具有相互依存的关系。如 $HAc\sim Ac^-$ 为共轭酸碱对，根据质子理论它们在水溶液中存在如下解离平衡：

$$HAc\Longleftrightarrow H^++Ac^-$$
$$Ac^-+H_2O\Longleftrightarrow HAc+OH^-$$

HAc 的解离平衡常数为：
$$K_a^{\ominus}=\frac{[H^+][Ac^-]}{[HAc]}$$

Ac^- 的解离平衡常数为：
$$K_b^{\ominus}=\frac{[HAc][OH^-]}{[Ac^-]}$$

$$K_a^{\ominus} K_b^{\ominus} = \frac{[H^+][Ac^-]}{[HAc]} \times \frac{[HAc][OH^-]}{[Ac^-]}$$

$$= [H^+][OH^-]$$

$$= K_w^{\ominus}$$

即得：
$$K_a^{\ominus} K_b^{\ominus} = K_w^{\ominus} \qquad (2\text{-}1)$$

式(2-1) 就是一元共轭酸碱对 $K_a^{\ominus}$ 和 $K_b^{\ominus}$ 的关系式。根据该关系式，只要知道酸（或碱）的解离常数，就能求出其共轭碱（或共轭酸）的解离常数。

【练一练】

(1) 已知 NH_3 的 $K_b^{\ominus} = 1.79 \times 10^{-5}$，求其共轭碱 NH_4^+ 的 $K_a^{\ominus}$ 值；

(2) 已知 HAc 的 $K_a^{\ominus} = 1.8 \times 10^{-5}$，求其共轭碱 Ac^- 的 $K_b^{\ominus}$ 值。

对于多元弱酸或弱碱经各级解离后形成的共轭酸碱对的 $K_a^{\ominus}$、$K_b^{\ominus}$ 之间也同样存在一定的关系。下面以 H_2CO_3 和 CO_3^{2-} 的解离平衡加以说明。

$$H_2CO_3 \rightleftharpoons H^+ + HCO_3^- \qquad K_{a1}^{\ominus} = \frac{[H^+][HCO_3^-]}{[H_2CO_3]}$$

$$HCO_3^- \rightleftharpoons H^+ + CO_3^{2-} \qquad K_{a2}^{\ominus} = \frac{[H^+][CO_3^{2-}]}{[HCO_3^-]}$$

$$CO_3^{2-} + H_2O \rightleftharpoons HCO_3^- + OH^- \qquad K_{b1}^{\ominus} = \frac{[HCO_3^-][OH^-]}{[CO_3^{2-}]}$$

$$HCO_3^- + H_2O \rightleftharpoons H_2CO_3 + OH^- \qquad K_{b2}^{\ominus} = \frac{[H_2CO_3][OH^-]}{[HCO_3^-]}$$

由以上平衡常数表达式可得出如下关系式：$K_{a1}^{\ominus} K_{b2}^{\ominus} = K_w^{\ominus}$ $\qquad$ $K_{a2}^{\ominus} K_{b1}^{\ominus} = K_w^{\ominus}$

同理，对于三元酸 H_3PO_4 各级解离形成的共轭酸碱对的平衡常数之间存在如下关系式：

$$K_{a1}^{\ominus} K_{b3}^{\ominus} = K_w^{\ominus} \qquad K_{a2}^{\ominus} K_{b2}^{\ominus} = K_w^{\ominus} \qquad K_{a3}^{\ominus} K_{b1}^{\ominus} = K_w^{\ominus}$$

【分析与思考】 试比较 HCl、HAc、HCN、NH_4^+、HCO_3^- 的酸性强弱。

二、溶液的 pH 值计算和测定

1. 溶液的酸碱性和 pH 值

任何物质的水溶液，不论它是酸性、中性或碱性，都同时含有 H^+ 和 OH^-，只不过两种离子的浓度不同而已。由 H^+ 和 OH^- 相互依存、相互制约的关系，可用 H^+ 浓度或 OH^- 浓度表示溶液的酸碱性。

对于 H^+ 浓度很小的溶液，直接用 H^+ 浓度表示其酸碱性很不方便，为简便起见，常用 pH 值来表示溶液的酸碱性。pH 值就是氢离子浓度的负对数值。

$$pH = -\lg[H^+]$$

溶液的 $[H^+]$ 越大，pH 值越小，酸性越强；溶液的 $[OH^-]$ 越大，pH 值越大，碱性越强。pH 值的常用范围是 $1 \sim 14$。也可以用 pOH 来表示溶液的酸碱性，即：

$$pOH = -\lg[OH^-] = 14 - pH。$$

【分析与思考】 是否存在 pH＝0 的溶液？

[H⁺]、pH 值与溶液酸碱性之间的关系通过图 2-1 可以得到说明。

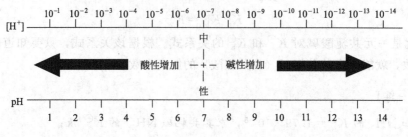

图 2-1   [H⁺]、pH 值与溶液酸碱性的关系

2. 溶液 pH 值计算

在酸碱滴定中，最重要的是要了解滴定过程中溶液 pH 值的变化规律，并根据 pH 值的变化规律选择合适的指示剂来确定终点，然后通过计算求出待测组分的含量。因此下面讨论酸碱平衡中有关 pH 值计算方法。

（1）强酸或强碱溶液

强酸、强碱在水中几乎全部解离，因此在一般情况下，其酸碱度计算比较简单。一元强酸溶液中氢离子的浓度等于该酸溶液的浓度，一元强碱溶液中氢氧根离子的浓度等于该碱溶液的浓度。如 $0.10 \text{mol} \cdot \text{L}^{-1}$ HCl 溶液，其酸度（H⁺ 浓度）是 $0.10 \text{mol} \cdot \text{L}^{-1}$，pH＝1.00。

（2）一元弱酸（碱）溶液

对于一元弱酸或弱碱溶液，可以根据其解离平衡，先求出相应的 [H⁺] 或 [OH⁻]，然后计算溶液的 pH。

对于一元弱酸 HAc，当解离达到平衡时，存在下列关系：

$$\text{HAc} \Longleftrightarrow \text{H}^+ + \text{Ac}^-$$

当 c_a 不是很小，$K_a^\ominus$ 不是很大时，则得一元弱酸溶液中（H⁺）计算的最简式：

$$[\text{H}^+] = \sqrt{K_a^\ominus c_a} \quad \left(\text{当} \frac{c_a}{K_a^\ominus} \geqslant 500，c_a K_a^\ominus \geqslant 20 K_w^\ominus \text{时}\right) \tag{2-2}$$

同理可求得一元弱碱溶液中计算 [OH⁻] 的最简式：

$$[\text{OH}^-] = \sqrt{K_b^\ominus c_b} \quad \left(\text{当} \frac{c_b}{K_b^\ominus} \geqslant 500，c_b K_b^\ominus \geqslant 20 K_w^\ominus \text{时}\right) \tag{2-3}$$

对于由一元弱碱与强酸形成的盐（如 NH_4Cl）或由一元弱酸与强碱形成的盐（如 NaAc），从质子理论的角度看，它也是一元弱酸或一元弱碱，因此当条件满足时，其水溶液的 pH 值也可以用公式(2-2)或公式(2-3)计算。

【练一练】 求下列溶液的 pH 值 （1） $0.10 \text{mol} \cdot \text{L}^{-1}$ HAc；（2） $0.20 \text{mol} \cdot \text{L}^{-1}$ $\text{NH}_3 \cdot \text{H}_2\text{O}$；（3） $0.10 \text{mol} \cdot \text{L}^{-1}$ NaAc。

（3）多元弱酸（碱）溶液

多元弱酸、弱碱在水溶液中是分级解离的，每一级都有相应的质子转移平衡。如

H_2CO_3 在水溶液中有二级解离：

$$H_2CO_3 \Longleftrightarrow H^+ + HCO_3^- \qquad K_{a1}^\ominus = 4.3 \times 10^{-7}$$

$$HCO_3^- \Longleftrightarrow H^+ + CO_3^{2-} \qquad K_{a2}^\ominus = 5.6 \times 10^{-11}$$

由于 $K_{a1}^\ominus \gg K_{a2}^\ominus$，说明二级解离比一级解离困难得多。因此在实际计算过程中，当（$c_a/K_{a1}^\ominus$）$\geqslant 500$ 时，可按一元弱酸作近似计算，即：

$$[H^+] = \sqrt{K_{a1}^\ominus c_a} \tag{2-4}$$

同理，对于多元弱碱，当 $K_{b1}^\ominus \gg K_{b2}^\ominus$，（$c_b/K_{b1}^\ominus$）$\geqslant 500$ 时，可按一元弱碱作近似计算，即：

$$[OH^-] = \sqrt{K_{b1}^\ominus c_b} \tag{2-5}$$

◎ **【分析与思考】**　Na_2CO_3 和 Na_3PO_4 是常用的染整助剂，试通过计算二者的 $K_b^\ominus$ 值，比较它们碱性的强弱。

（4）两性物质溶液

在酸碱平衡体系中，两性物质（如 $NaHCO_3$、Na_2HPO_4、NH_4Ac 等）水溶液的酸碱平衡比较复杂，但经合理的简化处理后，也可以得出 $[H^+]$ 的计算公式。如 $NaHCO_3$ 的两性表现在其溶于水后产生的 HCO_3^- 的解离平衡方面：

$$HCO_3^- \Longleftrightarrow H^+ + CO_3^{2-}$$

$$HCO_3^- + H_2O \Longleftrightarrow H_2CO_3 + OH^-$$

经推导得，当 $K_{a1}^\ominus \gg K_{a2}^\ominus$，$cK_{a2}^\ominus \gg 20K_w^\ominus$，$\dfrac{c}{K_{a1}^\ominus} \leqslant 20$ 时，得 $[H^+]$ 的计算公式如下：

$$[H^+] = \sqrt{K_{a1}^\ominus K_{a2}^\ominus} \tag{2-6}$$

公式(2-6)是计算 HA^- 型（如 $NaHCO_3$、NaH_2PO_4）两性物质水溶液中 $[H^+]$ 的最简公式。对于 HA^{2-} 型（如 Na_2HPO_4）两性物质，只要将公式中的 $K_{a1}^\ominus$、$K_{a2}^\ominus$ 相应地用 $K_{a2}^\ominus$、$K_{a3}^\ominus$ 代替即可。

对于 NH_4CN 型的两性物质，经推导得其水溶液中 $[H^+]$ 的最简公式

$$[H^+] = \sqrt{K_w^\ominus \frac{K_a^\ominus}{K_b^\ominus}} \tag{2-7}$$

式(2-7)中，$K_a^\ominus$、$K_b^\ominus$ 分别为阳离子酸 NH_4^+、阴离子碱 CN^- 的解离常数。

◎ **【练一练】**　计算 25℃ 时下列溶液的 pH 值：（1）$0.10\text{mol} \cdot \text{L}^{-1} NaH_2PO_4$；（2）$0.10\text{mol} \cdot \text{L}^{-1} NH_4Ac$。

3. 溶液 pH 值的测定

（1）pH 试纸

pH 试纸分为广泛 pH 试纸和精密 pH 试纸两种。广泛 pH 试纸按变色的 pH 范围又分为 1～10、1～12、1～14、9～14 四种，最常用的是 1～14 的 pH 试纸。

精密 pH 试纸按 pH 变色范围分类型更多，但精密 pH 试纸要测定的 pH 变化值小于 1，因此，很容易受空气中酸碱性气体的干扰，不易保存，若要求精确测定溶液的 pH 值，

最好用酸度计测定。

（2）酸度计的使用

酸度计是实验室常用的分析仪器，用于测定溶液的 pH 值或电极电位。目前常见的有 pB-10 型、pHS-3 型酸度计。有的是指针式显示，有的是数字式显示。

【实践操作】

纺织品水萃取液 pH 值的测定

1. 试样准备

从样品中抽取足够数量的试样，剪成约 0.5cm 的小块，操作时注意不要用手直接触摸试样。将剪好的试样在 GB 6529 规定的一级标准大气中调湿。

2. 水萃取液的制备

称取质量为（2±0.05）g 的试样三份，分别加入锥形瓶中，加入 100mL 去离子水，摇动烧瓶以使试样润湿。然后在振荡机上振荡 1h，即可得到三份水萃取液。

3. 准备仪器并阅读仪器使用说明书

（1）pH 计 PB-10，PB-21 操作说明

（2）玻璃电极

（3）甘汞电极或银-氯化银电极

（4）磁力搅拌器

（5）50mL 聚乙烯或者聚四氟乙烯烧杯

（6）pH＝1.68、4.01、6.86、9.18、12.46 等标准缓冲溶液的准备

4. 校正仪器

将水萃取液与标准溶液调至同一温度，记录测定温度，把仪器温度补偿旋钮调至该温度处。选用与水萃取液 pH 相差不超过 2 的标准溶液校正仪器。从第一个标准溶液中取出两个电极，彻底冲洗，并用滤纸边轻轻吸干。再浸入第二个标准溶液中，其 pH 约与前一个相差 3。如测定值与第二个标准溶液 pH 之差大于 0.1 时就要检查仪器、电极或标准溶液是否有问题。当三者均无异常情况时方可进行测定。

5. 水萃取液 pH 值的测定

（1）用蒸馏水仔细冲洗电极直至所显示的 pH 值稳定为止。

（2）将第一份水萃取液部分倒入烧杯中，注意应使玻璃电极的玻璃泡全部浸于液面下，电极稳定 3min 后读取 pH 值。倒掉烧杯中的溶液，重新注入第一份水萃取液，电极稳定 1min 后记录 pH 值。重复以上操作，直至 pH 值达到最稳定值，倒掉第一份水萃取液。

（3）不清洗电极，将第二份水萃取液部分倒入烧杯内，电极的玻璃泡应全部浸于液面下，立即记录 pH 值。倒掉旧液，重新注入第二份水萃取液，读取 pH 值。重复以上操作，直至显示的 pH 值达到最稳定值，精确至最邻近的 0.1 并记录该值，倒掉第二份水萃取液。

（4）按照（3）的步骤测定第三份水萃取液。

6. 结果的计算和表示

以第二、三份水萃取液测得的 pH 值的平均值为最终结果，精确到 0.05。

【课外充电】

(1) 查阅相关国家标准，了解对染色布面 pH 的规范性要求是多少？

(2) 学习使用 pHS-2、pHS-3 等型号的酸度计，比较它们与 pB 系列的异同。

(3) 利用课余时间，取用学校锅炉水、周边河水、工业废水等水样，测试它们的 pH。

任务二　染整加工液中酸含量测定

一、滴定分析法概述

1. 滴定分析法

滴定分析是定量化学分析中重要的分析方法，它以简单、快速、准确的特点而被广泛应用于常量组分（含量＞1%）的分析中。若被测组分 A 与试剂 B 发生如下化学反应：

$$aA + bB = cC + dD$$

它表示 A 与 B 是按物质的量之比 $a:b$ 的关系反应的，这就是该反应的化学计量关系，它是滴定分析定量测定的依据。

这种将已知准确浓度的试剂溶液（B）滴加到被测物质（A）的溶液中，直至所加溶液物质的量与被测物质的量按化学计量关系恰好反应完全，然后根据所加试剂溶液的浓度和所消耗的体积，计算出被测物质含量的分析方法称为滴定分析法。滴定分析法也称为容量分析法。

滴加到被测物质溶液中的已知其准确浓度的试剂溶液称为标准溶液，又称滴定剂。滴定剂与被测物质按化学计量关系恰好反应完全的这一点称为化学计量点，简称计量点。在滴定中，利用指示剂颜色的变化等方法来判断化学计量点的到达，指示剂颜色发生突变而停止滴定的这一点称为滴定终点，简称终点。在实际的滴定分析操作中，滴定终点与化学计量点之间往往存在着差别，由此差别而引起的误差，称为终点误差。

滴定分析法按照滴定化学反应，可以分为酸碱滴定、沉淀滴定、氧化还原滴定、配位滴定四种滴定方法。

2. 滴定分析法的要求

① 反应按确定的反应方程式进行，无副反应发生，或副反应与滴定反应相比完全可以忽略不计。

② 滴定反应完全的程度须大于 99.9%，这是定量计算的基础。

③ 反应速率快。对于速率慢的反应，应采取适当措施来提高反应速率。

④ 能用比较简便可靠的方法来确定滴定的终点，比如用指示剂。

3. 滴定方式

(1) 直接滴定法

若反应满足上述条件，则可用标准溶液直接滴定被测物质的溶液，此方法称为直接滴定法，例如用氢氧化钠标准溶液直接滴定乙酸溶液。

（2）返滴定法

当反应速率较慢，被测物质中加入等计量的标准溶液后，反应常常不能立即完成。在此情况下，可于被测物质中先加入一定量过量的滴定剂，待反应完成后，再加另一种标准溶液滴定剩余的滴定剂。这种方法称为返滴定法，也叫剩余滴定法或回滴定法。例如 Al^{3+} 与 EDTA 配位反应的速率很慢，Al^{3+} 不能用 EDTA 溶液直接滴定，可在 Al^{3+} 溶液中先加入过量的 EDTA 溶液并将溶液加热煮沸，待 Al^{3+} 与 EDTA 完全反应后，再用 Zn^{2+} 标准溶液返滴剩余的 EDTA。

（3）置换滴定法

若被测物质与滴定剂不能定量反应，则可以用置换反应来完成测定。向被测物质中加入一种化学试剂溶液，被测物质可以定量地置换出该试剂中的有关物质，再用标准溶液滴定这一物质，从而求出被测物质的含量，这种方法称为置换滴定法。例如 Ag^+ 与 EDTA 形成的配合物不很稳定，不宜用 EDTA 直接滴定，可将过量的 $[Ni(CN)_4]^{2-}$ 加入到被测 Ag^+ 溶液中，Ag^+ 很快与 $[Ni(CN)_4]^{2-}$ 中的 CN^- 反应，置换出等计量的 Ni^{2+}，再用 EDTA 滴定 Ni^{2+}，从而求出 Ag^+ 的含量。

（4）间接滴定法

有些物质不能直接与滴定剂起反应，可以利用间接反应使其转化为可被滴定的物质，再用滴定剂滴定所生成的物质，此过程称为间接滴定法。例如 $KMnO_4$ 溶液不能直接滴定 Ca^{2+}，可用 $(NH_4)_2C_2O_4$ 先将 Ca^{2+} 沉淀为草酸钙，将得到的沉淀过滤洗涤后用 HCl 溶解，以 $KMnO_4$ 滴定 $C_2O_4^{2-}$，从而求出 Ca^{2+} 的含量。

【课外充电】 查阅文献和相关书籍，了解滴定分析工作中，样品的取用和制备方法有哪些？

4. 标准溶液的配制

（1）基准物质

用于直接配制标准溶液或标定标准溶液准确浓度的物质称为基准物质或基准试剂。作为基准物质必须符合下列条件。

① 在空气中要稳定，干燥时不分解，称量时不吸潮，不吸收空气中的二氧化碳，不被空气中氧气所氧化。

② 纯度足够高，一般要求试剂纯度在 99.9% 以上。

③ 实际组成与化学式完全相符，若含结晶水，其含量也应与化学式相符。

在符合上述条件的基础上，要求试剂最好具有较大的摩尔质量，称量相应较多，从而减小称量误差。常用的基准物质有 $KHC_8H_4O_4$、$H_2C_2O_4 \cdot 2H_2O$、Na_2CO_3、$K_2Cr_2O_7$、NaCl、$CaCO_3$、金属锌等。基准物质必须以适宜的方法进行干燥处理并妥善保存。

（2）标准溶液的配制方法

在定量分析中，标准溶液的浓度常为 $0.05 \sim 0.2 mol \cdot L^{-1}$。标准溶液的配制可分为直接配制法和间接配制法。

① 直接法 用分析天平准确称取一定量的标准物质，溶解后转移到容量瓶并定容，

根据标准物质的质量和容量瓶的体积，求出标准溶液的准确浓度。其配制过程可以概括为：计算、称量、溶解、转移、定容、混合等六个步骤。用直接法配制标准溶液的标准物质必须是基准物质，而且应该按要求经过干燥处理。

【做一做】 配制 500mL 0.1000mol·L^{-1} 的 Na$_2$CO$_3$ 标准溶液？

②间接法　由于很多配制标准溶液的试剂无法完全满足基准物质必须具备的条件，相应的标准溶液只能用间接法配制。间接法（也称标定法）配制标准溶液包括溶液的配制和标定两个过程：

a. 配制　配制成近似所需浓度的标准溶液。

b. 标定　用分析天平准确称取一定量已干燥的基准物质，溶解后用上述标准溶液滴定，按基准物质的质量和滴定用去的标准溶液的体积，求出标准溶液的准确浓度。

上述用基准物质确定标准溶液准确浓度的过程称作标定。常用标准溶液的具体配制和标定方法可参考国家标准 GB/T 601—2002。

【实践操作】

滴定分析基本操作练习

1. 滴定管的使用

滴定管是可放出不固定量液体的玻璃量器，主要用于滴定分析中对滴定剂体积的测量。滴定管一般分成酸式和碱式两种（图 2-2）。常用的滴定管的容量有 10mL、25mL、50mL 等。滴定管有无色和棕色两种款式，一般需避光的滴定液，如 AgNO$_3$、I$_2$、KMnO$_4$、Br$_2$、NaNO$_2$ 等滴定液，需用棕色滴定管。

酸式滴定管的刻度管和下端的尖嘴玻璃管通过玻璃旋塞相连，适于盛酸性或氧化性的溶液；碱式滴定管的刻度管和尖嘴玻璃管之间通过乳胶管相连，在乳胶管中装有一颗玻璃珠，用以控制溶液的流出速度。碱式滴定管用于装盛碱性溶液，不能用来放置高锰酸钾、碘和硝酸银等能与乳胶起作用的溶液。

（1）滴定管的准备

①洗涤　滴定管可用自来水冲洗或用细长的刷子蘸洗衣粉液洗刷，如果经过刷洗后内壁仍有油脂类的污垢，可用铬酸洗液荡洗或浸泡。对于酸式滴定管，可直接在管中加入洗液浸泡，而碱式滴定管则要先拔去乳胶管，换上一小段塞有短玻璃棒的橡皮管，然后用洗液浸泡。总之，为了尽快而方便地洗净滴定管，

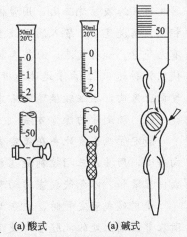

(a) 酸式　　　(a) 碱式

图 2-2　酸式和碱式滴定管

可根据脏物的性质，弄脏的程度，选择合适的洗涤剂和洗涤方法。无论用哪种方法洗，最后都要用自来水充分洗涤，继而用蒸馏水荡洗三次。洗净的滴定管在水流去后内壁应均匀地润上一薄层水，若管壁上还挂有水珠，说明未洗净，必须重洗。

②涂凡士林　使用酸式滴定管时，为使旋塞旋转灵活而又不致漏水，一般需将旋塞涂一薄层凡士林。其方法是将滴定管平放在实验台上，取下旋塞芯，用吸水纸将旋塞芯和旋塞槽内擦干。然后分别在旋塞的大头表面上和旋塞槽小口内壁沿圆周均匀地涂一层薄薄的凡士林（也可将凡士林涂在旋塞芯的两头），在旋塞孔的两侧，小心地涂上一细薄层，以免堵塞旋塞孔。将涂好凡士林的旋塞芯插进旋塞槽内，向同一方向旋转旋塞，直到旋塞芯与旋塞槽接触处全部呈透明而没有纹路为止（图2-3）。涂凡士林要适量，过多可能会堵塞旋塞孔，过少则起不到润滑的作用，甚至造成漏水。把装好旋塞的滴定管平放在桌面上，让旋塞的小头朝上，然后在小头上套一个小橡皮圈（或用橡皮筋固定）以防旋塞脱落。

③检漏　检漏的方法是将滴定管用水充满至"0"刻度附近，然后夹在滴定管夹上，用吸水纸将滴定管外擦干，静置1min，检查管尖或旋塞周围有无水渗出，然后将旋塞转动180°，重新检查。如有漏水，必须重新涂油。

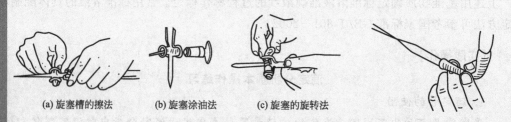

(a)旋塞槽的擦法　　(b)旋塞涂油法　　(c)旋塞的旋转法

图2-3　旋塞涂凡士林　　　　　图2-4　碱式滴定管中气泡的赶出

④滴定剂溶液的加入　加入滴定剂溶液前，先用蒸馏水荡洗滴定管三次，每次约10mL。荡洗时，两手平端滴定管，慢慢旋转，让水遍及全管内壁，然后从两端放出。再用待装溶液荡洗三次，用量依次为10mL、5mL、5mL。荡洗方法与用蒸馏水荡洗时相同。荡洗完毕，装入滴定液至"0"刻度以上，检查旋塞附近（或橡皮管内）及管端有无气泡。如有气泡，应将其排出。排出气泡时，对酸式滴定管是用右手拿住滴定管使它倾斜约30°，左手迅速打开旋塞，使溶液冲下将气泡赶掉；对碱式滴定管可将橡皮管向上弯曲，捏住玻璃珠的右上方，气泡即被溶液压出。如图2-4所示。

（2）滴定管的操作方法

滴定管应垂直地夹在滴定管架上。使用酸式滴定管滴定时，左手无名指和小指弯向手心，用其余三指控制旋塞旋转，如图2-5所示。注意不要将旋塞向外顶，也不要太向里紧扣，以免使旋塞转动不灵。

使用碱式滴定管时，左手无名指和中指夹住尖嘴，拇指与食指向侧面挤压玻璃珠所在部位稍上处的乳胶管，使溶液从缝隙处流出，如图2-6所示。但要注意不能使玻璃珠上下移动，更不能捏玻璃珠下部的乳胶管。

（3）滴定方法

在锥形瓶中进行滴定时，右手前三指拿住瓶颈，瓶底离瓷板约2～3cm将滴定管下端伸入瓶口约1cm。左手如前述方法操作滴定管，边摇动锥形瓶，边滴加溶液。滴定时应注意以下几点。

图 2-5　酸式滴定管的操作　　　　　　　图 2-6　碱式滴定管的操作

① 摇瓶时，转动腕关节，使溶液向同一方向旋转（左旋、右旋均可），但勿使瓶口接触滴定管出口尖嘴。

② 滴定时，左手不能离开旋塞任其自流。

③ 眼睛应注意观察溶液颜色的变化，而不要注视滴定管的液面。

④ 溶液应逐滴滴加，不要流成直线。接近终点时，应每加 1 滴，摇几下，直至加半滴使溶液出现明显的颜色变化。加半滴溶液的方法是先使溶液悬挂在出口尖嘴上，以锥形瓶口内壁接触液滴，再用少量蒸馏水吹洗瓶壁。

⑤ 用碱式滴定管滴加半滴溶液时，应放开食指与拇指，使悬挂的半滴溶液靠入瓶口内，再放开无名指与中指。

⑥ 每次滴定应从"0"分度开始。

⑦ 滴定结束后，弃去滴定管内剩余的溶液，随即洗净滴定管，并用水充满滴定管，以备下次再用。

若在烧杯中进行滴定，烧杯应放在白瓷板上，将滴定管出口尖嘴伸入烧杯约 1cm。滴定管应放在左后方，但不要靠杯壁，右手持玻棒搅动溶液。加半滴溶液时，用玻棒末端承接悬挂的半滴溶液，放入溶液中搅拌。注意玻棒只能接触液滴，不能接触管尖。

溴酸钾法、碘量法等需在碘量瓶中进行反应和滴定。碘量瓶是带有磨口玻璃塞和水槽的锥形瓶（图 2-7），喇叭形瓶口与瓶塞柄之间形成一圈水槽，槽中加纯水可形成水封，防止瓶中溶液反应生成的气体（Br_2、I_2 等）逸出。反应一定时间后，打开瓶塞水即流下并可冲洗瓶塞和瓶壁，接着进行滴定。

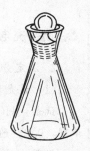

图 2-7　碘量瓶

（4）滴定管的读数

读数应遵照下列原则。

① 读数时，可将滴定管夹在滴定管架上，也可以右手指夹持滴定管上部无刻度处。不管用哪一种方法读数，均应使滴定管保持垂直状态。

② 读数时，视线应与液面成水平。视线高于液面，读数将偏低；反之，读数偏高（图 2-8）。

③ 对于无色或浅色溶液，应该读取弯月面下缘的最低点。溶液颜色太深而不能观察到弯月面时，可读两侧最高点（图 2-9）。初读数与终读数应取同一标准。

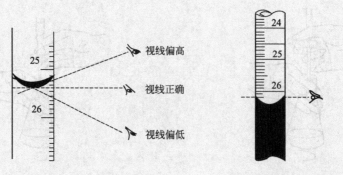

图 2-8 读数时视线的方向   图 2-9 深色溶液的读数

④ 读数应估计到最小分度的 1/10。对于常量滴定管，读到小数后第二位，即估计到 0.01mL。

⑤ 初学者练习读数时，可在滴定管后衬一黑白两色的读数卡（图 2-10）。将卡片紧贴滴定管，黑色部分在弯月面下约 1mm 处，即可看到弯月面反映层呈黑色，读取黑色弯月面的最低点。

⑥ 乳白板蓝线衬背的滴定管，无色溶液液面的读数应以两个弯月面相交的最尖部分为准（图 2-11），深色溶液也是读取液面两侧的最高点。

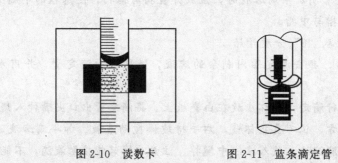

图 2-10 读数卡   图 2-11 蓝条滴定管

【课外充电】 查阅书籍，了解滴定分析仪器的校准方法，并进行校正练习。

2. 滴定分析基本操作练习

（1）试剂和仪器

试剂：HCl 溶液（0.1mol·L^{-1}），NaOH 溶液（0.1mol·L^{-1}），0.2% 甲基橙指示剂，0.2% 酚酞指示剂

仪器：酸式滴定管（50mL），碱式滴定管（50mL），移液管（25mL）

（2）测定步骤

① 酸式、碱式滴定管的准备 取 50mL 酸式滴定管一支，其旋塞涂以凡士林，检漏、洗净后，用所配的 HCl 溶液将滴定管洗涤三次（每次用约 10mL），再将 HCl 溶液直接由试剂瓶倒入管内至刻度"0"以上，排除出口管内气泡，调节管内液面至 0.00mL 处。

碱式滴定管经安装橡皮管和玻璃珠、检漏、洗净后，用所配的 NaOH 溶液洗涤三次（每次用约 10mL），再将 NaOH 溶液直接由试剂瓶倒入管内至刻度"0"以上，排除橡皮管内和出口管内的气泡，调节管内液面至 0.00mL 处。

② 移液管的准备　移液管洗净后，以待吸溶液洗涤三次待用。

③ 以甲基橙为指示剂，用 HCl 溶液滴定 NaOH 溶液　由碱式滴定管放出 25.00mLNaOH 溶液于 250mL 锥形瓶中，放出速度为 10mL·min^{-1}，加甲基橙指示剂 2～3 滴，用 HCl 溶液滴定至溶液刚好由黄色转变为橙色，即为终点，准确读取并记录滴定消耗的 HCl 溶液的体积。平行滴定三次，要求测定的相对平均偏差在 0.2% 以内。

④ 以酚酞为指示剂，用 NaOH 溶液滴定 HCl 溶液　用移液管移取 HCl 溶液 25.00mL 于 250mL 锥形瓶中，加酚酞指示剂 2～3 滴，用 NaOH 溶液滴定至呈微红色，并保持 30s 内不褪色，即为终点，准确读取并记录滴定消耗的 NaOH 溶液的体积。平行测定三次，要求测定的相对平均偏差在 0.2% 以内。

（3）数据记录与处理

HCl 溶液滴定 NaOH 溶液（指示剂：甲基橙）

项目\次数	1	2	3
V_{NaOH}/mL	25.00	25.00	25.00
V_{HCl}/mL			
V_{HCl}/V_{NaOH}			
V_{HCl}/V_{NaOH}的平均值			
个别测定的绝对偏差			
平均偏差			
相对平均偏差			

NaOH 溶液滴定 HCl 溶液（指示剂：酚酞）

项目\次数	1	2	3
V_{HCl}/mL	25.00	25.00	25.00
V_{NaOH}/mL			
V_{HCl}/V_{NaOH}			
V_{HCl}/V_{NaOH}的平均值			
个别测定的绝对偏差			
平均偏差			
相对平均偏差			

注：绝对偏差＝个别测定值－平均值

$$平均偏差＝\frac{\sum|绝对偏差|}{平行测定次数}　　　相对平均偏差＝\frac{平均偏差}{平均值}\times100\%$$

【分析与思考】

（1）滴定管在装入溶液前，为什么要用此溶液润洗内壁 2～3 次？

（2）用于滴定的锥形瓶或烧杯是否需要干燥？是否需要用所盛放溶液润洗？为什么？

（3）在每次滴定完成后，为什么要将标准溶液加至滴定管零刻度，然后进行第二次滴定？

二、数据处理

（一）分析测定中的误差

在分析测定过程中，用同一种方法对同一试样进行多次平行测定，不一定能得到完全一样的分析结果。这是因为在分析过程中误差是客观存在的。因此在定量分析中应采取有效措施减小误差，并对分析结果进行评价，判断其准确性以提高分析结果的可靠程度。

1. 误差的分类和减免方法

（1）系统误差

系统误差是指在分析过程中由于某些固定的原因所造成的误差。它的大小、正负是可测的，所以又称可测误差。其特点是具有单向性和重现性，即平行测定结果系统地偏高或偏低。它对分析结果的影响比较固定，在同一条件下重复测定时会重复出现。

根据系统误差的性质及产生的原因，系统误差可分为如下几种。

① 方法误差　由于分析方法不够完善造成的误差，例如在滴定分析中，化学反应不完全、指示剂指示的滴定终点与化学计量点不一致以及干扰离子的影响等，导致分析结果系统地偏高或偏低。

② 仪器和试剂误差　由于测量仪器不够精确所造成的误差称为仪器误差，例如容量器皿刻度和仪表刻度不准确等因素造成的误差；由试剂不纯造成的误差称为试剂误差，例如试剂或蒸馏水中含有被测物质或干扰物质所造成的误差。

③ 操作误差　操作误差是指由操作人员的主观原因造成的误差，例如，个人对颜色的敏感程度不同，终点颜色判断有差异，偏深或偏浅；在读取仪器刻度时，偏高或偏低等。

但是操作过程中由于操作人员的粗心大意，不遵守操作规程造成的差错，如测定过程中溶液的溅失、看错砝码、加错试剂、记错数据以及仪器测量参数设置错误等不能叫操作误差，只能称过失误差，不属于系统误差范畴。

一般地，检验和消除系统误差的方法主要有以下三种。

① 对照试验　在相同条件下，用标准试样对照测定，或者由其他人员实验对照测定，或者用另一种实验方法对照测定。

② 空白试验　空白试验就是不加试样，按照与试样分析相同的操作步骤和条件进行试验，测定结果称为空白值。若空白值较低，则从试样测定结果中减去空白值，就可得到较可靠的测定结果。若空白值较高，则应更换或提纯所用的试剂。空白试验可检查由试剂或器皿带进杂质所造成的系统误差。

③ 校准仪器　仪器不准确引起系统误差，可通过校准仪器来减小，例如，在精确的分析过程中，要对滴定管、移液管、容量瓶、砝码等进行校准。

（2）随机误差

随机误差是指分析过程中许多因素随机作用形成的具有抵偿性的误差，也叫偶然误差。例如，测量时环境温度、湿度及气压的微小变动等原因引起测量数据波动。它的特点是有时大、有时小、有时正、有时负，具有可变性。随机误差是不可避免的，表面上看随机误差似乎没有什么规律，但在多次测量中可找出其规律性，即如果进行多次测定，就会发现测定数据的分布符合一般的统计规律。

在实际工作中，如果消除了系统误差，平行测定次数越多，则测定值的算术平均值越接近真值。因此适当增加平行测定次数，可以减小随机误差对分析结果的影响。

应该指出的是，系统误差与随机误差的划分也不是绝对的，有时很难区分某种误差是系统误差还是随机误差。例如判断滴定终点的迟早、观察颜色的深浅，总有一定的随机性。另外某些因素在短时间内引起的误差可能属于随机误差，但在一个较长的时期内就可能转化为系统误差。

【分析与思考】 判断下列几种情况各属于什么误差？

(1) 使用有缺损的砝码；(2) 称量时试样吸收了空气中的水分；

(3) 读取滴定管读数时，最后一位数字估计不准；(4) 天平零点稍有变动；

(5) 滴定时，操作者不小心从锥形瓶中溅失了少量试剂。

2. 误差的表征——准确度和精密度

(1) 准确度

准确度是指分析结果与真实值的接近程度。分析结果与真实值之间差别越小，则分析结果越准确，即准确度越高。

需要说明的是，真实值是客观存在的，但又是难以得到的。一般来说，理论真值、计量学约定真值、相对真值等情况下的真值可以认为是已知的。在实际工作中，人们总是在相同条件下对同一试样进行多次平行测定，得多个测定数据，取其算术平均值，以此作为最后的分析结果。

(2) 精密度

精密度是在同一条件下，对同一样品进行多次重复测定（称为平行测定）时各测定值相互接近的程度。几次测量结果的数值越接近，分析结果的精密度就越高。在化学检验中，有时用重复性和再现性表示不同情况下分析结果的精密度，前者表示同一分析人员在同一条件下所得分析结果的精密度；后者表示不同分析人员或者不同实验室之间在各自条件下所得分析结果的精密度。

(3) 准确度和精密度的关系

在分析工作中评价一项分析结果的优劣，应该从分析结果的准确度和精密度两个方面入手。精密度是保证准确度的先决条件，但是精密度高不一定准确度高。图 2-12 表示了甲、乙、丙、丁四人分析同一水泥试样中氧化钙含量所得的结果。

由图可见，甲的准确度和精密度均好，结果可靠；乙的分析结果的精密度虽然很高，但准确度较低；丙的精密度和准确度都很差；丁的精密度很差，虽然平均值接近真值，但这是由于正负误差凑巧相互抵消的结果，因而其结果也是不可靠的。所以，精密度好，准确度不一定好；精密度低，准确度不可能好；准确度高的必要条件是精密度好。不存在系统误差时，两者是一致的。理想的测定结果既要精密度好，又要求准确度高。

3. 误差的表示——误差和偏差

(1) 误差

准确度的高低用误差来衡量。误差（E）是指测定结果（x_i）与真实值（μ）之间的差值。误差可以用绝对误差和相对误差来表示，绝对误差表示测定结果与真实值之间的差

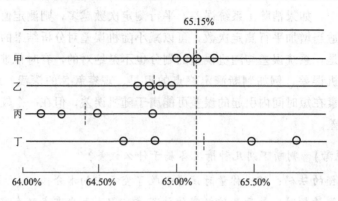

图 2-12 不同人员分析同一试样的结果

值，相对误差表示绝对误差在真实值中所占的百分比。

绝对误差：
$$E = x_i - \mu$$

相对误差：
$$E_r = \frac{E}{\mu} \times 100\%$$

【练一练】 甲和乙两个学生分别称量某试样 1.3654g 和 0.1365g，已知这两份试样的真实值分别为 1.3653g 和 0.1364g，分别求出绝对误差和相对误差，并比较准确度的高低。

误差越小，表示测定结果与真实值越接近，准确度越高；反之，误差越大，准确度越低。绝对误差和相对误差可以为正值或负值。当误差为正值时，表示测定结果偏高；当误差为负值时，表示测定结果偏低。一般地，对于比较各种情况下测定结果的准确度用相对误差表示更为方便。但有时为了说明一些仪器测量的准确度，用绝对误差表示则更清楚，例如常量滴定管的读数误差是 ±0.02mL，分析天平的称量误差是 ±0.0002g 等。

（2）偏差

偏差是指各单次测定结果（x_i）与多次测定结果的算术平均值之间（$\overline{x}$）的差别。对于不知道真实值的场合，可以用偏差的大小来衡量测定结果的好坏。几个平行测定结果的偏差如果都很小，则说明分析结果的精密度比较高。与误差相似，偏差同样可以用绝对偏差和相对偏差来表示。

绝对偏差：
$$d_i = x_i - \overline{x} \quad (i = 1, 2, \cdots)$$

相对偏差：
$$d_r = \frac{d_i}{x} \times 100\%$$

绝对偏差和相对偏差只能衡量单次测定结果对平均值的偏差，为了更好地表示测定结果的精密度，还可以用平均偏差来表示。

平均偏差：
$$\overline{d} = \frac{|d_1| + |d_2| + |d_3| + \cdots + |d_n|}{n} = \frac{1}{n}\sum_{i=1}^{n}|d_i|$$

相对平均偏差：
$$\overline{d_r} = \frac{\overline{d}}{x} \times 100\%$$

【分析与思考】　甲和乙两人同时做相同的试验，甲的偏差如下：+0.4，+0.1，+0.2，+0.0，−0.2，+0.4，+0.1，−0.3，+0.4，−0.3；乙的偏差如下：+0.1，+0.0，−0.2，+0.7，−0.1，−0.2，+0.3，−0.5，+0.2，+0.1。试比较两组数据精密度的高低。

当测定的数据分散程度度较大时，仅从平均偏差还不能看出精密度的好坏，常用标准偏差和相对标准偏差来衡量。

（3）标准偏差和相对标准偏差

标准偏差又称均方根偏差，当测定次数趋于无穷大时，标准偏差用 σ 表示：

$$\sigma = \sqrt{\frac{\sum_{i=1}^{n}(x_i - \mu)^2}{n}}$$

式中，μ 是无限多次测定结果的平均值，称为总体平均值，即：

$$\mu = \lim_{n \to \infty} \frac{1}{n} \sum_{i=1}^{n} x_i$$

显然，在没有系统误差的情况下，μ 即为真值实。

在一般的分析工作中，只作有限次数的平行测定，这时标准偏差用 s 表示：

$$s = \sqrt{\frac{\sum_{i=1}^{n}(x_i - \overline{x})^2}{n-1}} = \sqrt{\frac{\sum_{i=1}^{n} d_i^2}{n-1}}$$

【练一练】　计算上例中甲、乙组数据的标准偏差分别是多少？并比较精密度的高低。

标准偏差不必考虑偏差的正负号，它能将大偏差更显著地表现出来，能更好地说明数据的分散程度，也就是说，能更好地衡量精密度的好坏。

标准偏差占平均值的百分率称为相对标准偏差，又称变异系数，用 CV 表示：

$$CV = \frac{s}{\overline{x}} \times 100\%$$

（4）极差

测量数据的精密度有时也用极差来表示。极差是指一组测量数据中最大值与最小值之差，通常以 R 表示，它表示偏差的范围，但其准确性较差。

$$R = x_{\max} - x_{\min}$$

$$相对极差 = \frac{R}{\overline{x}} \times 100\%$$

在生产部门通常并不强调误差与偏差的区别，而是用"公差"范围来表示允许误差的大小。

（5）公差

公差是生产部门对分析结果允许误差的一种限量，又称为允许误差。如果分析结果超出允许的公差范围称为"超差"。遇到此类情况，该项分析工作应该重做。公差范围的确定一般是根据生产需要和实际情况而制定的，实际情况即指试样组成的复杂情况和所用分析方法的准确程度。对于各项具体的分析工作，各主管部门都规定了具体的公差范围，例如国家标准规定钢铁中碳含量的公差范围如表2-2所示。

表2-2　钢铁中碳含量的公差范围（用绝对误差表示）

碳含量范围/%	0.10~0.20	0.20~0.50	0.50~1.00	1.00~2.00	2.00~3.00	3.00~4.00	>4.00
公差/%	±0.015	±0.020	±0.025	±0.035	±0.045	±0.050	±0.060

【课外充电】

（1）查阅相关书籍，了解评价分析方法的基本指标有哪些？

（2）查阅相关书籍，了解什么是国际标准、国家标准、行业标准、地方标准、企业标准？

（二）有效数字的处理

1. 有效数字

有效数字是指在测量中所能测量到的具有实际意义的数字。也就是说，在一个数据中，除了最后一位是不确定的或可疑的以外，其他各位都是确定的。例如使用50mL滴定管滴定，最小刻度为0.1mL，所得到的体积读数24.56mL，表示前三位数是准确的，只有第四位是估读出来的，属于不确定数字，那么这四位数字都是有效数字，它不仅表示了滴定体积为24.56mL，而且说明滴定管的计量精度为±0.01mL。

2. 有效数字修约规则

舍去多余数字的过程称为数字修约过程。数字修约目前多采用"四舍六入五留双"的规则。即当尾数≤4时，则舍；尾数≥6时，则入；尾数等于5时，若5前面为偶数则舍，为奇数则入。但是当5后面还有不是零的任何数时，无论5前面是偶还是奇，皆入。例如6.1424、2.2156、4.6235、1.62451等修约成四位数时应为6.142、2.216、4.624、1.625。对数据不能进行连续修约，例如12.4546→12.455→12.46→12.5→13，这种处理方法是不正确的。按四舍六入规则处理，修约为整数的正确答案为12。

3. 有效数字运算规则

（1）加减法

当测定结果是几个测量值相加或相减时，保留有效数字的位数取决于小数点后位数最少的一个，也就是绝对误差最大的一个。例如将0.1236、15.64、2.346、1.37890四个数相加，绝对误差分别为：±0.0001、±0.01、±0.001、±0.00001，则以小数点后位数最少的15.64为根据，将其余三个数据修约为小数点第两位后再相加，计算结果为19.49。

（2）乘除法

在几个数据的乘除运算中，保留有效数字的位数取决于有效数字位数最少的一个，也就是相对误差最大的一个。例如下列计算式：$\dfrac{0.0325 \times 6.207 \times 80.08}{156.6}$从上到下各数的相对误差分别为：±0.3%、±0.02%、±0.01%、±0.06%。可见，四个数中相对误差最大的即准确度最低的是 0.0325，是三位有效数字，因此计算结果也应取三位有效数字，计算结果是 0.103。

（三）可疑数据的取舍

在一系列的平行测定时，测得的数据总是有一定的离散性，会出现过高或过低的数据，称为离群值或可疑值。可疑值如果是实验操作疏忽造成的，必须舍去；如果不能找出产生可疑值的原因，则要用统计检验的方法，决定可疑值是否应该舍弃。检查可疑值的方法较多，常用的有 Q 检验法和 $4d$ 法。

1. Q 检验法

① 将测定数据按大小顺序排列；

② 计算测定值的极差（即最大值－最小值）；

③ 计算可疑值与相邻值的差值；

④ 按下式计算 $Q_{计算}$：$Q_{计算} = \dfrac{|可疑值－相邻值|}{最大值－最小值}$

⑤ 将 $Q_{计算}$ 与 $Q_{表}$ 进行比较：根据测得次数，从 Q 值表中（表 2-3）查出指定置信度（一般为 90% 或 95%）下 $Q_{表}$ 的值。如果 $Q_{计算} > Q_{表}$，则可疑值应舍去，否则应予以保留。

表 2-3　舍弃可疑值的 Q 值表

测定次数 n	3	4	5	6	7	8	9	10
$Q_{0.90}$	0.94	0.76	0.64	0.56	0.51	0.47	0.44	0.41
$Q_{0.95}$	0.98	0.85	0.73	0.64	0.59	0.54	0.51	0.48

【练一练】　某 NaOH 标准溶液的四次标定值（$mol \cdot L^{-1}$）分别为：0.2014，0.2012，0.2016，0.2025。问可疑值 0.2025 是否舍弃？

2. $4\bar{d}$ 法

$4\bar{d}$ 法是首先求出可疑值除外的其余数据的平均值 $\bar{x}$ 和平均偏差 $\bar{d}$，然后将可疑值与平均值进行比较，如果绝对差值大于 $4\bar{d}$，则舍去可疑值，否则保留可疑值。

用 $4\bar{d}$ 法判断可疑数据的取舍存在较大的误差，只能用于处理一些要求不高的实验数据，但这种方法比较简单，无需查表，所以至今仍为人们所采用。

【练一练】　用 EDTA 标准溶液滴定某试液中的 Al^{3+}，平行测定四次，消耗 EDTA 标准溶液的体积（mL）分别为：25.32，25.40，25.44，25.42，试问 25.32 这个数据是否舍弃？

三、测定原理

用酸碱滴定法测定物质含量时，滴定过程中发生的化学反应外观上一般没有变化的，通常需要利用酸碱指示剂颜色的改变来指示滴定终点的到达。为了能在滴定中正确地选择适宜的指示剂，就必须了解酸碱滴定过程中溶液 pH 值的变化规律。滴定过程中溶液 pH 值随标准滴定溶液用量变化而改变的曲线称为滴定曲线。

下面讨论用碱标准溶液滴定酸时的滴定曲线以及指示剂的选择问题。

1. 强碱滴定强酸

（1）滴定曲线与滴定突跃

以 $0.1000mol \cdot L^{-1}$ NaOH 滴定 20.00mL $0.1000mol \cdot L^{-1}$ HCl 溶液为例，说明在滴定过程中溶液 pH 值的变化情况。

通过计算，可以将每个滴定溶液体积所对应的溶液 pH 值计算出来，将结果列于表 2-4 中。同时，如果以 NaOH 溶液的加入量为横坐标，以 pH 值为纵坐标来绘制曲线，就得到酸碱滴定曲线如图 2-13 所示。

表 2-4 $0.1000mol \cdot L^{-1}$ NaOH 溶液滴定 $0.1000mol \cdot L^{-1}$ HCl 溶液 pH 的变化

加入 NaOH 的量		剩余 HCl 溶液的体积/mL	过量 NaOH 溶液的体积/mL	pH
滴定百分数/%	体积/mL			
0.00	0.00	20.00		1.00
90.00	18.00	2.00		2.28
99.00	19.80	0.20		3.30
99.80	19.96	0.04		4.00
99.90	19.98	0.02		4.30
100.0	20.00	0.00		7.00
100.1	20.02		0.02	9.70
100.2	20.04		0.04	10.00
101.0	20.20		0.20	10.70
110.0	22.00		2.00	11.70
200.0	40.00		20.00	12.50

（4.30、7.00、9.70 为突跃范围）

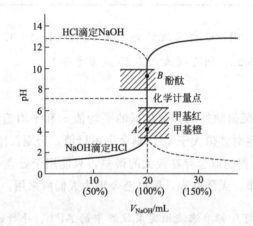

图 2-13 $0.1000mol \cdot L^{-1}$ NaOH 滴定 20.00mL $0.1000mol \cdot L^{-1}$ HCl 的滴定曲线

从图 2-13 和表 2-4 可以看出，在远离化学计量点时，随着 NaOH 溶液的加入，溶液的 pH 值变化非常缓慢。而当滴定接近化学计量点时，NaOH 溶液的加入量对 pH 值的影响却非常明显。从中和剩余 0.02mL HCl 到过量 0.02mL NaOH，总共才加入 0.04mL（约 1 滴）NaOH 溶液（即滴定由 NaOH 不足 0.1% 到过量 0.1%），溶液的 pH 从 4.30 增加到 9.70，变化了 5.4 个 pH 单位，实现了由量变到质变的过程。这种由 1 滴滴定剂所引起的溶液 pH 的急剧变化，称为滴定突跃。将化学计量点前后滴定剂由不足 0.1% 到过量 0.1% 所对应的 pH 范围，即突跃所对应的 pH 范围称滴定突跃范围。

滴定突跃范围的大小与滴定剂及待测组分的浓度有关，图 2-14 是不同浓度 NaOH 溶液滴定不同浓度 HCl 溶液的滴定曲线。显然，浓度越大，突跃范围也越大，可供选择的指示剂越多。

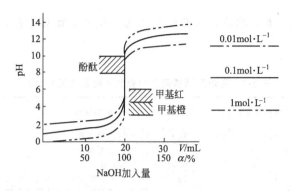

图 2-14　不同浓度 NaOH 溶液滴定不同浓度 HCl 溶液的滴定曲线

（2）酸碱指示剂

① 指示剂的变色原理　在酸碱滴定法中常用酸碱指示剂来指示滴定终点。酸碱指示剂一般是结构复杂的有机弱酸或有机弱碱，在溶液中或多或少地解离成离子，其酸式色和碱式色的结构不同，因而具有不同的颜色。在滴定过程中，当溶液的 pH 变化时，指示剂的结构发生改变，因而引起颜色的改变。

弱酸指示剂　　　　　　　　　　　$HIn \rightleftharpoons In^- + H^+$
　　　　　　　　　　　　　　　　酸式色　　碱式色

弱碱指示剂　　　　　　　　　　　$InOH \rightleftharpoons In^+ + OH^-$
　　　　　　　　　　　　　　　　碱式色　　酸式色

② 指示剂的变色范围　现以弱酸型指示剂 HIn 为例，说明指示剂变色与溶液 pH 的关系。设 HIn 为酸式型，In^- 为碱式型。HIn 在溶液中的解离平衡如下：

$$HIn \rightleftharpoons H^+ + In^-$$

指示剂的解离常数为：

$$K_{HIn}^{\ominus} = \frac{[H^+][In^-]}{[HIn]}$$

$[In^-]$ 和 $[HIn]$ 分别是指示剂的碱式色结构和酸式色结构的浓度。显然，指示剂颜色取决于 $\dfrac{[In^-]}{[HIn]}$，该比值又取决于 $K_{HIn}^{\ominus}$ 和 $[H^+]$。在一定条件下，对于某种指示剂 $K_{HIn}^{\ominus}$ 为常数，所以溶液颜色的变化仅由 $[H^+]$ 决定。即在不同的 pH 条件下，指示剂呈现不同的颜色。只有当溶液的 pH 值由 $pK_{HIn}^{\ominus} - 1$ 变化到 $pK_{HIn}^{\ominus} + 1$ 时，溶液的颜色才由酸式色变为碱式色，这时候人的眼睛才能明显看出指示剂颜色的变化。我们将能明显看出指示剂由一种颜色变成另一种颜色的 pH 范围，称为指示剂的变色范围。

因此，指示剂的理论变色范围是以 $pK_{HIn}^{\ominus}$ 为中心的某个 pH 区间，这个区间的直径是 2 个 pH 单位（即：$pH = pK_{HIn}^{\ominus} \pm 1$）。但由于人的眼睛对不同颜色的辨别能力的差异，不同指示剂的实际变色范围与理论变色范围会有所不同，如甲基橙的 $pK_{HIn}^{\ominus} = 3.4$，理论变色范围应为 2.4～4.4，但实际变色范围为 3.1～4.4，两者有较大差异；酚酞的 $pK_{HIn}^{\ominus} = 9.1$，理论变色范围应为 8.1～10.1，实际变色范围为 8.0～10.0，两者基本一致。一般而言，指示剂的实际变色范围为 1～2 个 pH 单位，如甲基橙的变色范围是 1.3 个 pH 单位，酚酞的变色范围是 2 个 pH 单位。常用酸碱指示剂的变色范围及其配制方法见表 2-5。

🌀【分析与思考】　有某溶液，加酚酞呈无色，加甲基红呈黄色，该溶液的 pH 值范围是多少？

表 2-5　常用酸碱指示剂的变色范围及其配制方法

指示剂	变色范围 pH 值	颜色变化	$pK^{\ominus}_{HIn}$	配制浓度	用量 (滴·(10mL)$^{-1}$试液)
百里酚蓝	1.2～2.8	红～黄	1.65	1g·L^{-1}的 20%乙醇溶液	1～2
甲基黄	2.9～4.0	红～黄	3.25	1g·L^{-1}的 90%乙醇溶液	1
甲基橙	3.1～4.4	红～黄	3.45	0.5g·L^{-1}的水溶液	1
溴酚蓝	3.0～4.6	黄～紫	4.1	1g·L^{-1}的 20%乙醇溶液或其钠盐水溶液	1
溴甲酚绿	4.0～5.6	黄～蓝	4.9	1g·L^{-1}的 20%乙醇溶液或其钠盐水溶液	1～3
甲基红	4.4～6.2	红～黄	5.0	1g·L^{-1}的 60%乙醇溶液或其钠盐水溶液	1
溴百里酚蓝	6.2～7.6	黄～蓝	7.3	1g·L^{-1}的 20%乙醇溶液或其钠盐水溶液	1
中性红	6.8～8.0	红～黄橙	7.4	1g·L^{-1}的 60%乙醇溶液	1
苯酚红	6.8～8.4	黄～红	8.0	1g·L^{-1}的 60%乙醇溶液或其钠盐水溶液	1
酚酞	8.0～10.0	无～红	9.1	1g·L^{-1}的 90%乙醇溶液	1～3
百里酚蓝	8.0～9.6	黄～蓝	8.9	1g·L^{-1}的 20%乙醇溶液	1～4
百里酚酞	9.4～10.6	无～蓝	10.0	1g·L^{-1}的 90%乙醇溶液	1～2

③ 混合指示剂　在酸碱滴定中，有时需要将滴定终点限制在较窄的 pH 范围内，所以为了使指示剂的变色更加敏锐，需用混合指示剂。

混合指示剂是利用颜色互补作用使终点变色敏锐。混合指示剂有两类：一类是由两种或两种以上的指示剂混合而成。常用的酸碱混合指示剂列于表 2-6。例如，溴甲酚绿和甲基

表 2-6　常用的酸碱混合指示剂

指示剂溶液的组成	变色时 pH	颜色		备　注
		酸式色	碱式色	
一份 1g·L^{-1}甲基黄乙醇溶液 一份 1g·L^{-1}亚甲基蓝乙醇溶液	3.25	蓝紫	绿	pH＝3.2，蓝紫色；pH＝3.4，绿色
一份 1g·L^{-1}甲基橙水溶液 一份 2.5g·L^{-1}靛蓝二磺酸水溶液	4.1	紫	黄绿	
一份 1g·L^{-1}溴甲酚绿钠盐水溶液 一份 2g·L^{-1}甲基红水溶液	4.3	橙	蓝	pH＝3.5，黄色；pH＝4.05，绿色；pH＝4.3，浅绿
三份 1g·L^{-1}溴甲酚绿乙醇溶液 一份 2g·L^{-1}甲基红乙醇溶液	5.1	酒红	绿	
一份 1g·L^{-1}溴甲酚绿乙醇溶液 一份 1g·L^{-1}氯酚红钠盐水溶液	6.1	黄绿	蓝绿	pH＝5.4，蓝绿色；pH＝5.8，蓝色；pH＝6.0，蓝带紫；pH＝6.2，蓝紫
一份 1g·L^{-1}中性红乙醇溶液 一份 1g·L^{-1}亚甲基蓝乙醇溶液	7.0	紫蓝	绿	
一份 1g·L^{-1}甲酚红钠盐水溶液 三份 1g·L^{-1}百里酚蓝钠盐水溶液	8.3	黄	紫	pH＝8.2，玫瑰红；pH＝8.4，紫色
一份 1g·L^{-1}百里酚蓝 50%乙醇溶液 三份 1g·L^{-1}酚酞 50%乙醇溶液	9.0	黄	紫	
一份 1g·L^{-1}酚酞乙醇溶液 一份 1g·L^{-1}百里酚酞乙醇溶液	9.9	无	紫	pH＝9.6，玫瑰红；pH＝10，紫色
两份 1g·L^{-1}百里酚酞乙醇溶液 一份 1g·L^{-1}茜素黄 R 乙醇溶液	10.2	黄	紫	

红按一定比例混合后，酸式色为酒红色，碱式色为绿色，中间色为浅灰色，变化十分明显。另一类混合指示剂是由某种指示剂和一种惰性染料（如亚甲基蓝、靛蓝二磺酸钠等）组成，也是利用颜色互补作用来提高颜色变化的敏锐性。

滴定分析中，指示剂的选择很重要，滴定突跃范围是选择指示剂的依据。选择指示剂的原则是使指示剂的理论变色点 $pK_{HIn}^{\ominus}$ 处于滴定突跃范围内，或者变色范围全部或一部分在突跃范围内的指示剂都可用来滴定终点，最理想的指示剂是恰好在化学计量点时变色，此时滴定误差小于 0.1%。在上例中，甲基红（pH＝4.4～6.2）、酚酞（pH＝8.0～10.0）都是适用的指示剂。

【分析与思考】

（1）酸碱滴定中，选择指示剂的原则是什么？

（2）什么是酸碱滴定中的 pH 值突跃范围？影响突跃范围大小的因素是什么？

2. 强碱滴定一元弱酸

以 $0.1000\text{mol} \cdot \text{L}^{-1}$ NaOH 滴定 20.00mL $0.1000\text{mol} \cdot \text{L}^{-1}$ HAc 溶液为例，经计算后可得如图 2-15 曲线（图中的虚线为 $0.1000\text{mol} \cdot \text{L}^{-1}$ NaOH 滴定 20.00mL HCl 溶液的前半部分）。

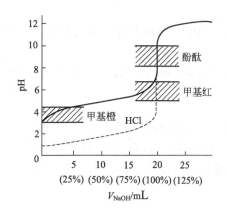

图 2-15　$0.1000\text{mol} \cdot \text{L}^{-1}$ NaOH 滴定 20.00mL $0.1000\text{mol} \cdot \text{L}^{-1}$ HAc 的滴定曲线

比较图中的实线与虚线，可以看出：NaOH 滴定 HAc 过程中的 pH 突跃范围为 7.74～9.70，比强碱滴定强酸时小得多，而且落在碱性范围。因此可以选择在碱性范围内变色的指示剂，如酚酞、百里酚酞、百里酚蓝等，在酸性溶液中变色的指示剂，如甲基橙和甲基红则完全不适用。

强碱滴定弱酸时，突跃范围的大小与被滴定的酸的强弱有关，如图 2-16 所示。由图可知：$K_a^{\ominus}$ 值越大，即酸性越强，滴定突跃范围越大；$K_a^{\ominus}$ 值越小，即酸性越弱，滴定突跃范围越小。当 $K_a^{\ominus} \leqslant 10^{-9.0}$ 时已无明显的突跃，用一般的酸碱指示剂就无法指示滴定终点。

另外，当弱酸的强度一定时，弱酸溶液的浓度越大，滴定突跃范围也越大。综合考虑弱酸溶液的强度和浓度两个因素对滴定突跃范围的影响，可以得到判断某一元弱酸能否用指示剂法被强碱直接准确滴定的判据是：$cK_a^\ominus \geqslant 10^{-8}$。

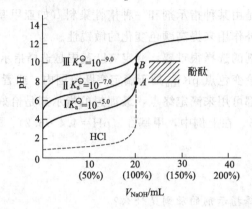

图 2-16　NaOH 溶液滴定不同弱酸溶液的滴定曲线

【分析与思考】　$0.1 mol \cdot L^{-1}$ 的 NH_4Cl 溶液，能否用 NaOH 标准溶液直接滴定？

3. 多元酸的滴定

多元酸多数是弱酸，在水溶液中分步解离。例如二元弱酸能否分步滴定，可用下列方法大致判断：

若 $cK_{a1}^\ominus \geqslant 10^{-8}$，且 $\dfrac{K_{a1}^\ominus}{K_{a2}^\ominus} \geqslant 10^4$，则可以分步滴定至第一终点；若同时 $cK_{a2}^\ominus \geqslant 10^{-8}$，则可以继续滴定至第二终点；若 $cK_{a1}^\ominus$ 和 $cK_{a2}^\ominus$ 都大于 10^{-8}，但 $\dfrac{K_{a1}^\ominus}{K_{a2}^\ominus} \leqslant 10^4$，则只能滴定到第二终点。

例如用 $0.1000 mol \cdot L^{-1}$ NaOH 标准溶液可以分步准确滴定 $0.1 mol \cdot L^{-1}$ H_3PO_4 溶液，在第一计量点和第二计量点附近各有一个 pH 突跃，滴定曲线如图 2-17 所示。而用 $0.1000 mol \cdot L^{-1}$ NaOH 标准溶液就无法分步准确滴定 $0.1 mol \cdot L^{-1}$ H_2CO_3 溶液，只能一次被滴定至第二终点。

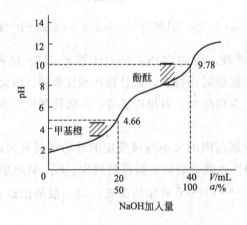

图 2-17　NaOH 滴定 H_3PO_4 溶液的滴定曲线

【实践操作】

HAc 含量的测定

1. 试剂和仪器

试剂：NaOH 标准溶液（0.1mol·L^{-1}），酚酞指示剂，0.2%乙醇溶液

仪器：碱式滴定管（50mL），锥形瓶（250mL）

2. 测定步骤

（1）0.1mol·L^{-1} NaOH 溶液的配制和标定

碱标准溶液一般用强碱配制，常用的强碱有 NaOH，最常用的浓度为 0.1mol·L^{-1}。NaOH 易吸潮，也易吸收空气中的 CO_2，故常含有 Na_2CO_3，而且 NaOH 还可能含有硫酸盐、硅酸盐、氯化物等杂质，因此应采用间接法配制其标准溶液。NaOH 溶液能侵蚀玻璃，最好储存于塑料瓶中。在通常情况下，可用玻璃瓶储存，但需用橡皮塞塞紧，不可用玻璃塞。

标定 NaOH 溶液的基准物质有草酸、邻苯二甲酸氢钾和苯甲酸等，但最常用的是邻苯二甲酸氢钾。这种基准物可用重结晶法制得纯品，不含结晶水，不吸潮，容易保存。标定时由于称量而造成的相对误差也较小，因而是一种良好的基准物。

邻苯二甲酸氢钾（$KHC_8H_4O_4$）是有机弱酸盐，易溶于水，水溶液呈酸性，标定反应如下：

化学计量点时的 pH＝9.12，此时溶液显碱性，可选用酚酞或百里酚蓝为指示剂。

① 配制　用托盘天平迅速称取 4.0g 固体 NaOH 于烧杯中，加适量水（新煮沸的冷蒸馏水）溶解，倒入具有橡皮塞的试剂瓶中，加水稀释至 1 L，摇匀，贴好标签备用。

② 标定　用减量法准确称取分析纯的邻苯二甲酸氢钾三份，每份约 0.4～0.5g，分别放在 250mL 锥形瓶中，各加入 50mL 温热水溶解，冷却后加 2 滴酚酞指示剂，用 NaOH 溶液滴定至溶液刚好由无色呈现粉红色，并保持 30s 不褪。记下所消耗的 NaOH 溶液体积，计算 NaOH 溶液的准确浓度。要求三次测定的相对平均偏差小于 0.2%，否则应重新测定。

（2）食醋的测定

准确吸取醋样 10.00mL 于 250mL 容量瓶中，以新煮沸并冷却的蒸馏水稀释至刻度，摇匀。用移液管吸取 25.00mL 稀释过的醋样于 250mL 锥形瓶中，加入 25mL 新煮沸并冷却的蒸馏水，加酚酞指示剂 2～3 滴，用已标定的 NaOH 标准溶液滴定至溶液呈现粉红色，并在 30s 内不褪色，即为终点。根据 NaOH 标准溶液的用量，计算食醋的总酸度。

3. 数据记录与处理

记录项目	次数	1	2	3
0.1mol·l⁻¹NaOH溶液的标定	m(邻苯二甲酸氢钾)/g			
	V_{NaOH}/mL			
	c_{NaOH}/mol·L⁻¹			
	平均值 c_{NaOH}/mol·L⁻¹			
	相对偏差/%			
	相对平均偏差/%			
醋酸含量的测定	吸取稀释后的醋酸的体积/mL	25.00	25.00	25.00
	V_{NaOH}/mL			
	稀释后 c_{HAc}/mol·L⁻¹			
	稀释后平均值 c_{HAc}/mol·L⁻¹			
	总酸度/g·mL⁻¹			

注：计算公式

$$c_{NaOH} = \frac{m_{KHC_8H_4O_4} \times 1000}{M_{KHC_8H_4O_4} V_{NaOH}} \quad (mol·L^{-1})$$

$$\rho_{HAc} = \frac{c_{HAc} \times 250 \times 10^{-3} \times M_{HAc}}{10} \quad (g·mL^{-1})$$

【分析与思考】

(1) 强碱滴定弱酸与强碱滴定强酸相比，滴定过程中 pH 变化有哪些不同点？

(2) 测定食醋含量时，为什么蒸馏水中不含有 CO_2？

(3) 滴定醋酸时为什么要用酚酞作指示剂？为什么不可以用甲基橙或甲基红？

(4) 从减小误差的角度看，标定 NaOH 的基准物选用哪个为好？

任务三　染整加工液中碱含量测定

一、强酸滴定强碱

一元的强酸滴定强碱可以得到类似于一元强碱滴定强酸的滴定曲线。如图 2-18 所示（图中虚线部分）。

从图中可以看出，HCl 滴定 NaOH 与 NaOH 滴定 HCl 的曲线位置相反，滴定突跃范围为 9.70～4.30。此时，甲基红和酚酞都可用作指示剂。若用甲基红时，应从黄色滴定到橙色（pH≈4），如果滴定到红色，将有＋0.2％的误差。

二、强酸滴定一元弱碱

以 0.1000mol·L⁻¹盐酸滴定 20.00mL 0.1000mol·L⁻¹氨水为例。滴定中溶液的 pH 变化如图 2-19 所示，滴定过程中滴定曲线与强碱滴定弱酸相似，但 pH 变化情况相反。

滴定突跃范围 pH 为 6.25～4.30，在酸性范围内。显然，甲基红（pH＝4.4～6.2）是合适的指示剂，如果用酚酞，则会造成很大的误差。所以用标准碱溶液滴定弱酸时，宜

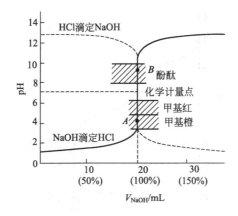

图 2-18 $0.1000mol \cdot L^{-1}$ HCl 滴定 20.00mL $0.1000mol \cdot L^{-1}$ NaOH 的滴定曲线

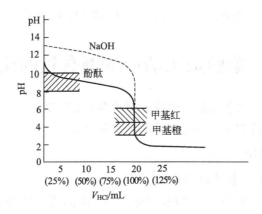

图 2-19 $0.1000mol \cdot L^{-1}$ HCl 滴定 20.00mL $0.1000mol \cdot L^{-1}$ $NH_3 \cdot H_2O$ 的滴定曲线

用酚酞作指示剂；用标准酸溶液滴定弱碱时，宜用甲基橙作指示剂。与强碱滴定弱酸相似，被滴定的碱越弱，则突跃范围越小。因此，强酸滴定弱碱时，只有当 $cK_b^{\ominus} \geqslant 10^{-8}$ 时，才能用标准酸溶液直接进行滴定。

【分析与思考】 $0.1mol \cdot L^{-1}$ 的 NaAc 溶液能否用 HCl 标准溶液直接滴定？

三、多元碱的滴定

对于多元弱碱能否被分步准确滴定的判断原则与多元弱酸的方法类似，只要将多元弱酸的各级解离平衡常数 $K_a^{\ominus}$ 换成多元弱碱各级解离平衡常数 $K_b^{\ominus}$ 即可。图 2-20 所示是以 $0.1000mol \cdot L^{-1}$ 盐酸标准溶液分步准确滴定 $0.1mol \cdot L^{-1}$ Na_2CO_3 至第一、第二化学计量点的滴定曲线。

第一、第二化学计量点时的 pH 分别为 8.31、3.9，可分别选用酚酞、甲基橙作指示剂。由于 $K_{a2}^{\ominus}$ 不够大，第二计量点时 pH 突跃较小，用甲基橙作指示剂终点变色不太明显。另外，CO_2 易形成过饱和溶液，使酸度增大而导致终点过早出现，所以在滴定接近终点时，应剧烈地摇动或加热溶液，以除去过量的 CO_2，待冷却后再滴定。

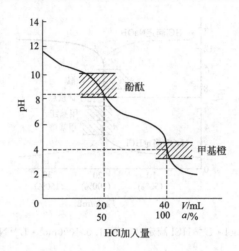

图 2-20　HCl 滴定 Na_2CO_3 溶液的滴定曲线

任务四　染整加工液中酸碱含量的快速测定

染整厂的漂练车间、染色车间、印花车间的多个工序要用到不同浓度的酸和碱,对它们的浓度经常要进行在线测定,一般都采取快速测定法。

一、快速测定法举例

1. 酸洗液中 H_2SO_4 质量浓度的测定

棉坯布在煮练后常用稀 H_2SO_4 溶液洗涤,测定酸洗液中 H_2SO_4 含量时,一般采取如下步骤:取 5.00mL 试液,以酚酞为指示剂,用 $0.1020mol \cdot L^{-1}$ NaOH 标准溶液滴定到溶液呈微红色为终点,消耗 NaOH 的体积为 V (mL)。

$$\rho_{H_2SO_4} = \frac{\frac{1}{2} \times 0.1020 \times V \times 10^{-3} \times 98}{5.00 \times 10^{-3}} \approx V \quad (g \cdot L^{-1})$$

即在上述测定情况下,H_2SO_4 质量浓度 $(g \cdot L^{-1})$ 的数值恰好等于所消耗 NaOH 溶液体积 V (mL) 的数值。

2. 丝光碱液中 NaOH 质量浓度的测定

棉织物丝光时,浓碱液在轧槽中与空气接触,含较多的 Na_2CO_3,测定时一般采取如下步骤:吸取 5.00mL 碱液,加 10mL 10% $BaCl_2$ 溶液,使 Na_2CO_3 形成 $BaCO_3$ 沉淀,过滤去除沉淀,以酚酞为指示剂,用 $1.2500mol \cdot L^{-1}$ HCl 标准溶液滴定到溶液由红色变为无色即为终点,消耗 HCl 的体积为 V (mL)。

$$\rho_{NaOH} = \frac{1.2500 \times V \times 40 \times 10^{-3}}{5.00 \times 10^{-3}} = 10V \quad (g \cdot L^{-1})$$

即在上述测定情况下,NaOH 质量浓度 $(g \cdot L^{-1})$ 的数值恰好等于所消耗 HCl 溶液体积 V (mL) 的数值的 10 倍。

二、快速测定法的步骤

以染整厂快速测定硫酸为例,染整加工液中酸碱等物质含量的快速测定法一般可以归纳为如下几个步骤。

（1）通过反应式确定待测物浓度与标准溶液消耗体积之间的倍数关系

总的原则是：使消耗的标准溶液的体积等于待测物的浓度或者其整数倍。

（2）从倍数关系式中，确定欲配制的标准溶液为某一浓度

如酸洗液中 H_2SO_4 质量浓度的测定：

$$\rho_{H_2SO_4} = \frac{\frac{1}{2} \times c_{NaOH} \times V \times 10^{-3} \times 98}{5.00 \times 10^{-3}} \approx V \quad (g \cdot L^{-1})$$

为了使上式成立，可以确定应该配制的 NaOH 溶液的浓度为 $0.1020 mol \cdot L^{-1}$。

（3）配制浓度为 $0.1020 mol \cdot L^{-1}$ NaOH 标准溶液

① 粗配浓度为 $0.1020 mol \cdot L^{-1}$ 的 NaOH 标准溶液　称取 4.08gNaOH，加水至一升，即配制好了浓度约为 $0.102 mol \cdot L^{-1}$ NaOH 标准溶液。

② 准确配制浓度为 $0.2000 mol \cdot L^{-1}$ 邻苯二甲酸氢钾标准溶液（250mL）（如何配制？）

③ 标定　吸取 10mL $0.2000 mol \cdot L^{-1}$ 邻苯二甲酸氢钾标准溶液，用已配制的 NaOH 溶液滴定之，以酚酞为指示剂，溶液从无色变为淡粉红色，30s 内不褪色即为终点，读取消耗的 NaOH 的体积数（V）。然后通过 NaOH 与邻苯二甲酸氢钾之间的反应关系，求出 NaOH 的浓度（设为 c_1）。

④ 校正

a. 若计算出的 $c_1 = 0.102 mol \cdot L^{-1}$，即消耗的 NaOH 体积为 19.6mL（为什么？），则不需要校正。

b. 若计算出的 $c_1 > 0.102 mol \cdot L^{-1}$，即消耗的 NaOH 体积 V 小于 19.6mL，则需要加适量水稀释。

加水计算根据公式：　　　　　　　　$c_1 V_1 = c_2 V_2$

设原已配制好的 NaOH 溶液的体积为 1L，即 $c_1 \times 1 = 0.102 \times (1 + x)$ 求出 x，就是在 1L 原先配制好的 NaOH 溶液中需要加入水的体积数。

c. 若计算出的 $c_1 < 0.102 mol \cdot L^{-1}$，即消耗的 NaOH 体积 V 大于 19.6mL，则需要加适量的 NaOH 固体。

加固体计算方法：设原已配制好的 NaOH 溶液的体积为 1L，则：$c_1 \times 1 + m/40 = 0.102 \times 1$ 求出 m，就是在 1L 原先配制好的 NaOH 溶液中需要加入固体 NaOH 的质量。

⑤ 再次标定　用 $0.2000 mol \cdot L^{-1}$ 邻苯二甲酸氢钾标准溶液再次标定经过校正的 NaOH 溶液。若标定出的浓度为 $0.102 mol \cdot L^{-1}$，则 NaOH 溶液配制完毕；若大于或者小于 $0.102 mol \cdot L^{-1}$，还需要再次进行校正和标定。

（4）待测物的测定

准确量取 5.00mL 的待测 H_2SO_4 试液，以酚酞为指示剂，用 $0.102 mol \cdot L^{-1}$ NaOH 标准溶液滴定到溶液呈微红色为终点，则消耗 NaOH 溶液体积 V（mL）的数值就是 H_2SO_4 质量浓度（$g \cdot L^{-1}$）的数值。

【分析与思考】 按照上述的快速测定 H_2SO_4 试液的步骤，设计出快速测定丝光碱液中 NaOH 质量浓度的步骤。

【实践操作】

工业 Na_2CO_3 总碱量的测定

1. 试剂和仪器

试剂：HCl 标准溶液（$0.1mol \cdot L^{-1}$），溴甲酚绿-甲基红混合指示剂，无水碳酸钠（基准物质）

仪器：酸式滴定管（50mL），锥形瓶（250mL）

2. 测定步骤

$0.1mol \cdot L^{-1}$ HCl 溶液的配制和标定

在酸碱滴定中，一般用强酸配制酸标准溶液，通常用的是 HCl 或 H_2SO_4，常用浓度为 $0.1mol \cdot L^{-1}$。其中应用较多的是 HCl，但浓 HCl 溶液含有杂质且易挥发，所以一般用间接法配制，即先配成近似浓度的溶液，然后用基准物标定，确定其准确浓度。常用无水碳酸钠或硼砂等基准物进行标定。

① 无水碳酸钠（Na_2CO_3） 无水碳酸钠易吸收空气中水分，因此使用前应在烘箱中于 $180 \sim 200℃$ 下干燥 $2 \sim 3h$，然后密封于瓶内，保存在干燥器中备用。称量时动作要快，以免再吸收空气中的水分而引入误差。无水碳酸钠的优点是容易获得纯品，而且价格便宜。用无水碳酸钠标定 HCl 溶液，其反应如下：

$$Na_2CO_3 + 2HaCl = 2NaCl + CO_2 \uparrow + H_2O$$

设欲标定的盐酸浓度约为 $0.1mol \cdot L^{-1}$，欲使消耗盐酸体积 $20 \sim 30mL$，根据滴定反应可算出 Na_2CO_3 的质量应为 $0.11 \sim 0.16g$。化学计量点时 $pH = 3.89$，可用甲基橙作指示剂，溶液由黄色变为橙色即为终点。

② 硼砂（$Na_2B_4O_7 \cdot 10H_2O$） 硼砂不易吸水，比较稳定，摩尔质量较大，故由称量造成的相对误差较小。但当空气中的相对湿度小于 39% 时，易失去结晶水，因此需保存于 60% 相对湿度的恒湿器中（干燥器里放食盐和蔗糖的饱和溶液）。

硼砂标定 HCl 溶液的反应如下：

$$Na_2B_4O_7 + 2HCl + 5H_2O = 4H_3BO_3 + 2NaCl$$

化学计量点时的 $pH = 5.27$，可选用甲基红作指示剂，溶液由黄色变为红色即为终点。

【分析与思考】

（1）配制 1L 浓度约为 $0.1mol \cdot L^{-1}$ 的 HCl 溶液，该取多少毫升的浓盐酸？

（2）从减小误差的角度看，标定 HCl 的基准物质选用 $Na_2B_4O_7 \cdot 10H_2O$ 还是 Na_2CO_3 好？

用洁净的量杯（或量筒）量取 9mL 浓 HCl，注入预先盛有适量水的试剂瓶中，加水稀释至 1L，摇匀，然后用无水碳酸钠作基准物质进行标定，方法可以选择下面一种。

① 称量法 用减量法准确称取无水碳酸钠三份，每份约 0.15～0.2g，分别放在 250mL 锥形瓶内，各加 50mL 水溶解，摇匀，加 1 滴甲基橙指示剂，用 HCl 溶液滴定到溶液刚好由黄变橙即为终点。由 Na_2CO_3 的质量及消耗的 HCl 体积，计算 HCl 溶液的准确浓度。

因无水碳酸钠吸水性强，通常采用移液管法。

② 移液管法 用减量法准确称取无水碳酸钠 1.2～1.5g，置于 250mL 烧杯中，各加 50mL 水搅拌溶解后，定量转入 250mL 容量瓶中，并将烧杯洗涤 2～3 次后的溶液一并转入到容量瓶中。用水稀释至刻度，摇匀，作为标准溶液备用。

用移液管移取 25.00mL 上述 Na_2CO_3 标准溶液于 250mL 锥形瓶中，加入 1 滴甲基橙指示剂，用 HCl 溶液滴定至溶液刚好由黄色变为橙色即为终点，记下所消耗的 HCl 溶液体积，计算 HCl 溶液的准确浓度。

3. 工业 Na_2CO_3 总碱量的测定

将待测样品置于称量瓶中放入烘箱，最初温度勿高于 100℃。打开称量瓶瓶盖，使温度逐渐升至 250～270℃，干燥至恒重，取出于干燥器内冷却至室温。用减量法准确称取样品三份，每份约 0.2g。

将称得的样品加 50mL 水溶解，加 2～3 滴溴甲酚绿-甲基红混合指示剂，用盐酸标准溶液滴定溶液至溶液由绿色变为暗红色，煮沸 2min，冷却后继续滴定至暗红为终点。

4. 数据记录与处理

记录项目	次数	1	2	3
0.1mol·L^{-1} HCl 溶液的标定	称取基准物质 $m_{Na_2CO_3}$/g			
	吸取基准 Na_2CO_3 的体积/mL	25.00	25.00	25.00
	V_{HCl}/mL			
	c_{HCl}/mol·L^{-1}			
	平均值 c_{HCl}/mol·L^{-1}			
工业 Na_2CO_3 总碱量的测定	称取工业 Na_2CO_3 的质量/g			
	V_{HCl}/mL			
	$w_{Na_2CO_3}$/%			
	$\overline{w}_{Na_2CO_3}$/%			
	相对偏差/%			
	相对平均偏差/%			

注：计算公式

$$c_{HCl}=\frac{2\times\frac{m_{Na_2CO_3}}{M_{Na_2CO_3}}\times\frac{25}{250}}{V_{HCl}\times10^{-3}} \quad (mol \cdot L^{-1}) \quad (移液管法)$$

$$w_{Na_2CO_3}=\frac{\frac{1}{2}\times M_{Na_2CO_3}c_{HCl}V_{HCl}\times10^{-3}}{m}\times100\%$$

【分析与思考】

(1) Na_2CO_3 样品为何要在 $250\sim270℃$ 干燥后才能测定含量？为什么采用称量瓶减量法称取试样？

(2) 用盐酸标准溶液滴定碳酸钠，终点前为什么要加热煮沸？煮沸前后溶液颜色有什么变化？

【练习与测试】

一、判断题

1. 分析测定结果的偶然误差可通过适当增加平行测定次数来减免。（　　）

2. 标准偏差可以使大偏差更显著地反映出来。（　　）

3. 双指示剂就是混合指示剂。（　　）

4. 酸性水溶液中不含 OH^-，碱性水溶液中不含 H^+。（　　）

5. 用 $NaOH$ 标准溶液标定 HCl 溶液浓度时，以酚酞作指示剂，若 $NaOH$ 溶液因储存不当吸收了 CO_2，则测定结果偏高。（　　）

6. 常用的酸碱指示剂大多是弱酸或弱碱，所以滴加指示剂的多少及时间的早晚不会影响分析结果。（　　）

7. 双指示剂法测定混合碱含量，已知试样消耗标准滴定溶液盐酸的体积 $V_1 > V_2$，则混合碱的组成为 Na_2CO_3 和 $NaOH$。（　　）

8. 基准物质的摩尔质量应尽可能小，这样称量的相对误差就较小。（　　）

9. 通常利用指示剂颜色的突变或仪器测试来判断化学计量点的到达而停止滴定操作的一点称为滴定终点。（　　）

10. 酸碱滴定中有时需要用颜色变化明显的变色范围较窄的指示剂，即混合指示剂。（　　）

二、单项选择题

1. 在滴定分析测定中出现的下列情况，（　　）属于系统误差。

　A. 试样未经充分混匀　B. 滴定管的读数读错　C. 滴定时有液滴减出　D. 砝码未经校正

2. 按被测组分含量来分，分析方法中常量组分分析指含量（　　）。

　A. $<0.1\%$　　　　　B. $>0.1\%$　　　　　C. $<1\%$　　　　　D. $>1\%$

3. 试液取样量为 $1\sim10mL$ 的分析方法称为（　　）。

　A. 微量分析　　　　B. 常量分析　　　　C. 半微量分析　　　　D. 超微量分析

4. 差减法称取试样时，适合于称取（　　）。

　A. 剧毒的物质　　　　　　　　B. 易吸湿、易氧化、易与空气中 CO_2 反应的物质

　C. 平行多组分不易吸湿的样品　D. 易挥发的物质

5. 系统误差的性质是（　　）。

　A. 随机产生　　　B. 具有单向性　　　C. 呈正态分布　　　D. 难以测定

6. 实验室中常用的铬酸洗液是由（　　）两种物质配制的。

　A. K_2CrO_4 和浓 H_2SO_4　　　　　　　　B. K_2CrO_4 和浓 HCl

C. $K_2Cr_2O_7$ 和浓 HCl　　　　　　　　D. $K_2Cr_2O_7$ 和浓 H_2SO_4

7. 表示一组测量数据中，最大值与最小值之差的叫做（　　）。

　　A. 绝对误差　　　　　B. 绝对偏差　　　　　C. 极差　　　　　D. 平均偏差

8. 不同规格化学试剂可用不同的英文缩写符号来代表，下列（　　）分别代表优级纯试剂和化学纯试剂。

　　A. G.B.、G.R.　　　B. G.B.、C.P.　　　C. G.R.、C.P.　　　D. C.A.、C.P.

9. 将置于普通干燥器中保存的 $Na_2B_4O_7 \cdot 10H_2O$ 作为基准物质用于标定盐酸的浓度，则盐酸的浓度将（　　）。

　　A. 偏高　　　　　　B. 偏低　　　　　　C. 无影响　　　　　D. 不能确定

10. 在酸碱滴定中，选择强酸强碱作为滴定剂的理由是（　　）。

　　A. 强酸强碱可以直接配制标准溶液　　　　B. 使滴定突跃尽量大

　　C. 加快滴定反应速率　　　　　　　　　　D. 使滴定曲线较完美

11. NaOH 溶液标签浓度为 $0.3000 \text{mol} \cdot \text{L}^{-1}$，该溶液从空气中吸收了少量的 CO_2，现以酚酞为指示剂，用 HCl 标准溶液标定，标定结果比标签浓度（　　）。

　　A. 高　　　　　　　B. 低　　　　　　　C. 不变　　　　　D. 无法确定

12. 用酸碱滴定法测定工业醋酸中的乙酸含量，应选择的指示剂是（　　）。

　　A. 酚酞　　　　　　B. 甲基橙　　　　　C. 甲基红　　　D. 甲基红-亚甲基蓝

三、多项选择题

1. 应储存在棕色瓶中的标准溶液有（　　）。

　　A. $AgNO_3$　　　　　B. NaOH　　　　　C. $Na_2S_2O_3$　　　　D. $KMnO_4$

2. 准确度和精密度关系为（　　）。

　　A. 准确度高，精密度一定高　　　　　　B. 准确度高，精密度不一定高

　　C. 精密度高，准确度一定高　　　　　　D. 精密度高，准确度不一定高

3. 测定中出现下列情况，属于偶然误差的是（　　）。

　　A. 某分析人员几次读取同一滴定管的读数不能取得一致

　　B. 滴定时所加试剂中含有微量的被测物质

　　C. 滴定时发现有少量溶液溅出

　　D. 天平没有调零

4. 标定 NaOH 溶液常用的基准物有（　　）。

　　A. 无水碳酸钠　　　B. 邻苯二甲酸氢钾　　C. 硼砂　　　　D. 二水草酸

5. 标定 HCl 溶液常用的基准物有（　　）。

　　A. 无水碳酸钠　　　B. 硼砂　　　　　　C. 二水草酸　　　D. 碳酸钙

6. 下列属于共轭酸碱对的是（　　）。

　　A. HCO_3^- 和 CO_3^{2-}　　B. H_2S 和 HS^-　　C. HCl 和 Cl^-　　D. H_3O^+ 和 OH^-

7. 下列物质的水溶液 pH＞7 的有（　　）。

　　A. NaAc　　　　　　B. NH_4Cl　　　　　C. $NaHCO_3$　　　　D. NaOH

8. 用 $0.1 \text{mol} \cdot \text{L}^{-1}$ NaOH 滴定 $0.1 \text{mol} \cdot \text{L}^{-1}$ HCOOH（$pK_a = 3.74$），对此滴定适用的指示剂是（　　）。

A. 酚酞　　　　　　B. 溴甲酚绿　　　　　C. 甲基橙　　　　　D. 百里酚蓝

四、计算题

1. 测定铁矿石中铁的质量分数（以 $w_{Fe_2O_3}$ 表示），5 次结果分别为：67.48%，67.37%，67.47%，67.43% 和 67.40%。计算：（1）平均偏差 （2）相对平均偏差 （3）标准偏差；（4）相对标准偏差。

2. 某铁矿石中铁的质量分数为 39.19%，若甲的测定结果（%）是：39.12，39.15，39.18；乙的测定结果（%）为：39.19，39.24，39.28。试比较甲乙两人测定结果的准确度和精密度（精密度以标准偏差和相对标准偏差表示之）。

3. 欲配制 250mL 的 0.10mol·L^{-1} HCl，应取（1）0.53mol·L^{-1} HCl 多少毫升？（2）浓 HCl 多少毫升？

4. NaOH 溶液浓度为 0.5450mol·L^{-1}，移取该溶液 100mL，需要加水多少毫升才能配制成 0.5000mol·L^{-1} 的溶液？

5. 准确移取 0.5877g 基准试剂 Na_2CO_3，在 100mL 容量瓶中配制成溶液，其浓度为多少？移取该标准溶液 20.00mL 标定某 HCl 溶液，滴定中用去 HCl 溶液 21.96mL，计算该 HCl 溶液的浓度。

6. 准确移取 25.00mL 的 H_2SO_4 溶液，用 0.09026mol·L^{-1} 的 NaOH 溶液滴定，到达化学计量点时，消耗 NaOH 溶液的体积为 24.93mL，问 H_2SO_4 溶液的浓度是多少？

7. 称取工业纯碱试样 0.2648g，用 0.2000mol·L^{-1} 的 HCl 标准溶液滴定，用甲基橙为指示剂，消耗 HCl 24.00mL，求纯碱的纯度为多少？

8. 标定 NaOH 溶液时，用邻苯二甲酸氢钾基准物 0.5026g，以酚酞为指示剂滴定至终点，用去 NaOH 溶液 21.88mL，求 NaOH 溶液的浓度。

9. 在 1.000g $CaCO_3$ 试样中加入 0.5100mol·L^{-1} HCl 溶液 50.00mL，待完全反应后再用 0.4900mol·L^{-1} NaOH 标准溶液返滴定过量的 HCl 溶液，用去了 NaOH 溶液 25.00mL。求 $CaCO_3$ 的纯度。

10. 称取混合碱试样 0.9476g，加酚酞指示剂，用 0.2785mol·L^{-1} HCl 溶液滴定至终点，用去酸溶液 34.12mL。再加甲基橙指示剂，滴定至终点，又耗去酸 23.66mL。求试样中各组分的质量分数。

项目三　染整用化学试剂中氯化物含量的测定

【知识与技能要求】

1. 掌握沉淀溶解平衡、沉淀转化及沉淀滴定法相关知识；
2. 能进行 $AgNO_3$ 和 NH_4SCN 标准溶液的配制和标定；
3. 能选择沉淀滴定法测定氯化物含量；
4. 能合理选择测定的步骤及选取测试仪器和药品，能进行指示剂的选择和终点的判断；
5. 能对实验数据进行记录、处理，并书写实验报告和对实验结果进行评价。

任务一　知识准备

一、溶度积常数

各种不同的物质在水中的溶解度是不同的，严格地讲，绝对不溶解的物质是不存在的，只是溶解的程度不同而已。根据溶解度的大小，大体上可将电解质分为易溶电解质和难溶电解质。一般把溶解度小于 $0.010g$ 的电解质称为难溶电解质。

难溶电解质在水中有一定的溶解度，并且是一个溶解和沉淀的动态过程。在一定温度下，当难溶电解质的溶解和沉淀速率相等时，就达到了沉淀溶解平衡。它是一种动态平衡，即固体在不断溶解，沉淀也在不断生成，此时的溶液即是该温度下该难溶电解质的饱和溶液。

在一定温度下，如果难溶电解质在水中溶解的部分全部解离，则难溶电解质的饱和溶液中离子浓度幂的乘积是一个常数，叫做溶度积常数，简称溶度积，用 $K_{sp}^{\ominus}$ 表示。

对于一般的难溶强电解质 A_mD_n 的溶度积常数可以用通式来表示：

$$A_mD_n(s) \Longleftrightarrow mA^{n+}(aq) + nD^{m-}(aq)$$

$$K_{sp}^{\ominus} = [A^{n+}]^m [D^{m-}]^n$$

溶度积常数是随温度而改变的。但是，一般温度对 $K_{sp}^{\ominus}$ 的影响不大，在实际工作中，常用室温下的 $K_{sp}^{\ominus}$。常见难溶化合物的 $K_{sp}^{\ominus}$ 见附录 I。

二、溶度积和溶解度的关系

溶度积 $K_{sp}^{\ominus}$ 和溶解度 S 的大小都可用来衡量难溶电解质的溶解能力，但二者概念不同。溶度积 $K_{sp}^{\ominus}$ 是平衡常数的一种形式，而溶解度 S 是浓度的一种形式，二者可以相互换算。对于相同类型的电解质，可以通过溶度积的数据直接比较溶解度的大小。但对于不同类型的电解质，可以通过溶度积的数据换算为溶解度后再进行计算。换算时注意所采用的

溶解度的单位是 $mol \cdot L^{-1}$，而从手册上查出的溶解度是以 $g \cdot (100gH_2O)^{-1}$ 表示的，要注意二者的转化。

【分析与思考】

(1) 298K 时 AgCl 的溶解度为 $1.93 \times 10^{-3} g \cdot L^{-1}$，求其 $K_{sp}^{\ominus}$。

(2) 已知 298K 时，AgCl 的 $K_{sp}^{\ominus} = 1.8 \times 10^{-10}$，$Ag_2CrO_4$ 的 $K_{sp}^{\ominus} = 1.2 \times 10^{-12}$，通过计算比较哪一种盐在水中的溶解度较大。

三、溶度积规则

难溶电解质的多相离子平衡是一个动态平衡，这个平衡是暂时的、有条件的。如果条件改变，就可以使溶液中的离子转化为固体（即沉淀的生成），或者使固体转化为溶液中的离子（即沉淀的溶解）。

在某难溶电解质溶液中，其离子浓度乘积称为离子积，用 Q_i 表示。如在 A_mD_n 溶液中，其离子积 $Q_i = c^m(A^{n+})c^n(D^{m-})$。显然，$Q_i$ 与 $K_{sp}^{\ominus}$ 表达式相同，但 $K_{sp}^{\ominus}$ 表示的是难溶电解质处于沉淀溶解平衡时饱和溶液中离子浓度乘积。一定温度下，某一难溶电解质溶液的 $K_{sp}^{\ominus}$ 为一常数，而 Q_i 表示任意状态下离子浓度之积。

(1) $Q_i = K_{sp}^{\ominus}$ 时，饱和溶液，无沉淀析出，沉淀和溶解处于动态平衡；

(2) $Q_i < K_{sp}^{\ominus}$ 时，不饱和溶液，无沉淀析出，若原来有固体存在，则沉淀固体溶解，直至溶液呈饱和状态；

(3) $Q_i > K_{sp}^{\ominus}$ 时，过饱和溶液，有沉淀析出，直至溶液呈饱和状态。

以上关系称为溶度积规则。溶度积规则是难溶电解质的多相离子平衡移动规律的总结，据此可以判断某一难溶电解质在一定条件下沉淀溶解平衡移动的方向，也可以通过控制有关离子的浓度，使沉淀产生或溶解。

四、分步沉淀及沉淀的转化

如果溶液中同时含有多种离子，当加入某种试剂时，这种试剂可能与溶液中的几种离子发生反应而产生沉淀。根据溶度积规则，消耗沉淀剂浓度小的离子先生成沉淀，消耗沉淀剂浓度大的离子后生成沉淀。这种溶液中几种离子先后沉淀的现象称为分步沉淀。

离子沉淀的先后次序，取决于沉淀物的 $K_{sp}^{\ominus}$ 和被沉淀离子的浓度。对于同类型难溶电解质，当被沉淀离子的浓度相同时，生成难溶物 $K_{sp}^{\ominus}$ 小的先沉淀出来，$K_{sp}^{\ominus}$ 大的后析出沉淀。例如含有等浓度的 Cl^-、Br^- 的溶液中，逐滴加入 $AgNO_3$ 溶液，因为 $K_{sp}^{\ominus}$（AgBr）$< K_{sp}^{\ominus}$（AgCl），所以 AgBr 的淡黄色沉淀先析出，然后才析出 AgCl 白色沉淀。

对于不同类型难溶电解质（如 AgCl，Ag_2CrO_4）或溶液中离子浓度不相同，则不能简单地根据 $K_{sp}^{\ominus}$ 大小来判断沉淀的次序，而要通过计算，根据生成不同难溶物时所需沉淀剂的浓度大小来确定。因此利用分步沉淀的原理，可以进行多种离子的分离。

在含有沉淀的溶液中加入适当的试剂，使其与某一离子结合生成另一种更难溶的沉淀，这一过程称为沉淀的转化。例如，在含有 $PbSO_4$ 白色沉淀的溶液中加入 $(NH_4)_2S$ 溶液，会生成黑色沉淀 PbS，沉淀转化是因为 PbS 的 $K_{sp}^{\ominus}$（9.04×10^{-29}）比 $PbSO_4$ 的 $K_{sp}^{\ominus}$

（1.82×10^{-8}）小得多。

$$PbSO_4(s) + S^{2-} \Longrightarrow PbS(s) + SO_4^{2-}$$

沉淀的转化是 $K_{sp}^{\ominus}$（或溶解度）较大的沉淀不断溶解，而 $K_{sp}^{\ominus}$（或溶解度）较小的沉淀不断生成的过程。因此沉淀转化的条件是：

（1）相同类型的沉淀，由 $K_{sp}^{\ominus}$ 较大的转化为 $K_{sp}^{\ominus}$ 较小的沉淀。

（2）不同类型的沉淀，由溶解度较大的转化为溶解度较小的沉淀。两种沉淀的 $K_{sp}^{\ominus}$（或溶解度）的差别越大，沉淀转化得越完全。

【分析与思考】　如果在 CuI 沉淀中加入 Na_2S，会有什么变化？为什么？

任务二　沉淀滴定法

染整常用的碱、盐和实验用水等化学试剂中，常常含有一定的氯化物，若要对氯化物的含量进行测定，常用沉淀滴定法。

一、沉淀滴定法（银量法）

沉淀滴定法是以沉淀反应为基础的滴定分析方法。虽然许多化学反应能生成沉淀，但符合滴定分析要求，适用于沉淀滴定法的沉淀反应并不多，能够用于沉淀滴定的反应必须符合下列条件：

（1）沉淀的溶解度要小，并能按一定的化学计量关系定量地进行；

（2）反应速率要快，吸附杂质少；

（3）有确定化学计量点的简单方法。

能符合以上条件，并在分析上应用最为广泛的是银量法。银量法是利用反应生成难溶性银盐的测定方法，银量法根据滴定方式、滴定条件和选用指示剂的不同，分为莫尔法、佛尔哈德法及法扬司法。

银量法的测定原理就是以 $AgNO_3$ 为滴定液，测定能与 Ag^+ 生成沉淀的物质，根据滴定液的浓度和消耗的体积，可计算出被测物质的含量。

$$Ag^+ + X^- \longrightarrow AgX\downarrow$$

X^- 表示 Cl^-、Br^-、I^-、SCN^-、CN^- 等离子。

二、银量法的分类

1. 莫尔法

（1）基本原理

莫尔法是在中性或弱碱性介质中，以铬酸钾（K_2CrO_4）作指示剂的一种银量法。例如用 $AgNO_3$ 标准溶液滴定 Cl^- 的反应，有关反应式为：

$$Ag^+ + Cl^- \Longrightarrow AgCl\downarrow（白色）$$

$$2Ag^+ + CrO_4^{2-} \Longrightarrow Ag_2CrO_4\downarrow（砖红色）$$

由于 AgCl 的溶解度比 Ag_2CrO_4 小，首先析出 AgCl 白色沉淀，当滴定到化学计量点时，过量一滴 Ag^+ 即与 CrO_4^{2-} 生成砖红色 Ag_2CrO_4 沉淀，表示已到达滴定终点。

【分析与思考】 为什么 AgCl 的溶解度比 Ag_2CrO_4 小，就先析出 AgCl 白色沉淀？

（2）滴定条件

① 指示剂用量　欲使 Ag_2CrO_4 沉淀恰好在化学计量点时产生，需要控制溶液中 K_2CrO_4 指示剂的浓度。如果 K_2CrO_4 的浓度过高或过低，Ag_2CrO_4 沉淀的析出就会提前或滞后，影响终点判断。一般滴定时溶液中所含指示剂 K_2CrO_4 的浓度为 $0.005 mol \cdot L^{-1}$ 较宜。

【分析与思考】 实际所用 K_2CrO_4 指示剂用量为什么比理论值要低些？

② 酸度　莫尔法应在中性或弱碱性条件下滴定。在酸性溶液中，Ag_2CrO_4 会与 H^+ 结合生成 $HCrO_4^-$，影响 Ag_2CrO_4 沉淀的析出，降低了指示剂的灵敏度。若碱性过高，又将出现 Ag_2O 沉淀。因此，莫尔法合适的酸度条件是 $pH = 6.5 \sim 10.5$。若试液为强酸性或强碱性，可先用酚酞作指示剂，以稀 NaOH 溶液或稀硫酸调节 pH 值，然后再滴定。

【分析与思考】 溶液 $pH = 2$ 时用莫尔法测 Cl^-，结果是偏高还是偏低？

③ 干扰离子　在滴定条件下，凡能与 Ag^+ 生成沉淀的阴离子和能与 CrO_4^{2-} 生成沉淀的阳离子都不应存在（如 CO_3^{2-}、S^{2-}、PO_4^{3-}、Pb^{2+}、Ba^{2+} 等）。此外，有色离子如 Cu^{2+}、Co^{2+}、Ni^{2+} 等也不应存在，否则会给滴定终点的观察带来较大的误差。若上述离子存在，可采用分离或掩蔽等方法将它们除去，然后再进行滴定。

④ 温度与振荡　在室温下进行滴定，可以避免因 Ag_2CrO_4 沉淀溶解度增大而降低指示剂的灵敏度。充分振荡可以减少 AgCl 沉淀对 Cl^- 的吸附作用，提高分析结果的准确度。

（3）应用范围

莫尔法可用于测定 Cl^-、Br^- 和 Ag^+ 的浓度，但不能用于测定 I^- 和 SCN^- 的浓度，因为 AgI、AgSCN 的吸附能力太强，滴定到终点时有部分 I^- 或 SCN^- 被吸附，将引起较大的负误差。

2. 佛尔哈德法

（1）基本原理

佛尔哈德法是在酸性介质中，以铁铵矾 $[NH_4Fe(SO_4)_2 \cdot 12H_2O]$ 作指示剂来确定滴定终点的一种银量法。根据滴定方式的不同，佛尔哈德法分为直接滴定法和返滴定法两种。

① 直接滴定法　在稀 HNO_3 溶液中，以铁铵矾作指示剂，用硫氰化铵（NH_4SCN）作标准溶液直接滴定被测物质，当滴定到化学计量点时，稍微过量的 NH_4SCN 就与 Fe^{3+} 生成红色 $[FeSCN]^{2+}$，即为滴定终点。例如滴定 Ag^+ 的反应如下：

$$Ag^+ + SCN^- \Longrightarrow AgSCN \downarrow \text{（白色）}$$

$$Fe^{3+} + SCN^- \Longrightarrow [FeSCN]^{2+} \text{（红色）}$$

② 返滴定法　在含有卤素离子（X^-）的硝酸溶液中，加入过量的准确体积的

AgNO$_3$ 标准溶液，待 AgNO$_3$ 与被测物质完全反应后，以铁铵矾作指示剂，用 NH$_4$SCN 标准溶液滴定剩余的 AgNO$_3$，其反应式为

$$Ag^+ + Cl^- \Longrightarrow AgCl\downarrow （白色）$$

$$Ag^+_{（剩余）} + SCN^- \Longrightarrow AgSCN\downarrow （白色）$$

化学计量点后稍过量的 SCN$^-$ 与铁铵矾指示剂反应，滴定至溶液出现浅红色时为终点。

其反应如下：$$Fe^{3+} + SCN^- \Longrightarrow [FeSCN]^{2+} （红色）$$

此法可测定 Cl$^-$、Br$^-$、SCN$^-$。

（2）滴定条件

① 指示剂用量　实验终点时要观察到明显的微红色，$[FeSCN]^{2+}$ 最低浓度应达到 $6\times10^{-6} mol\cdot L^{-1}$，此时 Fe^{3+} 的浓度为 $0.4 mol\cdot L^{-1}$，由于 Fe^{3+} 在浓度较高时溶液呈较深的橙黄色，妨碍终点的观察，因此，Fe^{3+} 的浓度应保持在 $0.015 mol\cdot L^{-1}$，滴定误差为 0.2%。

② 酸度　佛尔哈德法适用于在 $0.1\sim1.0 mol\cdot L^{-1}$ 的稀硝酸溶液中进行。溶液的酸度不宜过高，否则会使 SCN$^-$ 浓度降低；在中性或碱性溶液中，Fe^{3+} 将生成红棕色的 Fe(OH)$_3$ 沉淀，降低了溶液中 Fe^{3+} 的浓度；另外 Ag$^+$ 在碱性溶液中生成褐色的 Ag$_2$O 沉淀，影响滴定终点的确定。在该酸度下进行滴定，有些弱酸阴离子如 PO$_4^{3-}$、CO$_3^{2-}$、CrO$_4^{2-}$、C$_2$O$_4^{2-}$、SO$_3^{2-}$ 等不会与 Ag$^+$ 生成沉淀，因而不会干扰测定。

【分析与思考】 佛尔哈德法测定时为什么必须在酸性介质中进行？

（3）应用范围

① 直接滴定法测定 Ag$^+$　试液中 Ag$^+$ 的测定，可直接用 NH$_4$SCN 标准溶液滴定。但应注意，由于在滴定过程中生成的 AgSCN 沉淀对 Ag$^+$ 有较强的吸附能力，将会使滴定终点提前到达。为了避免这种现象发生，当滴定到溶液开始出现红色时，应用力振荡，使吸附在沉淀表面上的 Ag$^+$ 及时释放出来。若溶液的红色消失，应继续滴定，直到出现稳定的红色即为滴定终点。

② 返滴定法测定 Cl$^-$、Br$^-$、I$^-$、SCN$^-$　在测定上述几种离子时，特别应注意的是 Cl$^-$ 的测定，因为在返滴定的同一溶液中，存在着 AgCl 和 AgSCN 两种沉淀，由于 AgCl 的溶度积大于 AgSCN 的溶度积，在化学计量点后微过量的 SCN$^-$ 能与 AgCl 沉淀发生反应，将 AgCl 转化为 AgSCN。因此当滴定到溶液红色出现时，随着不停地摇动溶液，生成的红色又逐渐地消失。如果继续滴定到持久性红色，必然多消耗 NH$_4$SCN 溶液，从而使测得的 Cl$^-$ 含量偏低，造成较大的测定误差。因此，应设法将 AgCl 沉淀与溶液分开。方法之一是在返滴定前将 AgCl 过滤除去，但操作麻烦。另一方法是返滴定前加入有机溶剂，如硝基苯（有毒）或邻苯二甲酸二丁酯，用力摇动，使 AgCl 进入硝基苯或邻苯二甲酸二丁酯层，与滴定溶液隔离，阻止 AgCl 沉淀与 NH$_4$SCN 反应，该法较为简便。

由于 AgBr、AgI 的溶度积均比 AgSCN 的小，不会发生沉淀转化反应，所以用返滴

定法测定溴化物、碘化物时，可在 AgBr 或 AgI 沉淀存在下进行回滴。但要注意，测定 I^- 时，应先加入过量的 $AgNO_3$，待 AgI 定量沉淀完全后，再加入铁铵矾指示剂，以避免 Fe^{3+} 将 I^- 氧化成 I_2，导致测定结果偏低。

3. 法扬司法

用吸附指示剂指示终点的银量法称法扬司法。吸附指示剂是一些有机染料，它的阴离子在溶液中易被带正电荷的胶状沉淀吸附，吸附后其结构发生改变，从而引起颜色的变化，以此来指示滴定终点。

用 $AgNO_3$ 滴定 Cl^- 时，用荧光黄作指示剂。荧光黄是一种有机弱酸，用 HIn 表示：

$$HIn \Longleftrightarrow H^+ + In^- \quad （黄绿色）$$

在化学计量点前，溶液中 Cl^- 过量，AgCl 沉淀吸附而带负电荷，In^- 受排斥而不被吸附，溶液呈黄色。在化学计量点后，加入稍微过量的 $AgNO_3$ 使得 AgCl 沉淀吸附 Ag^+ 而带正电荷，溶液中 In^- 就被 Ag^+ 吸附，结构发生变化，颜色由黄色变为红色。

任务三　沉淀滴定法标准滴定溶液的制备

一、$AgNO_3$ 标准溶液的配制与标定

1. 配制

$AgNO_3$ 标准溶液可以可直接用符合基准试剂要求的 $AgNO_3$ 来配制。但一般的 $AgNO_3$ 往往含有杂质，还应进行标定，即先配成近似浓度的 $AgNO_3$ 溶液，再用 NaCl 基准物标定。用于配制 $AgNO_3$ 溶液的蒸馏水应不含 Cl^-，配好的 $AgNO_3$ 溶液应保存在棕色瓶中。

2. 标定

$AgNO_3$ 标准溶液可用莫尔法标定，基准物质为 NaCl，以 K_2CrO_4 为指示剂，溶液呈现砖红色即为终点。

二、NH_4SCN 标准溶液的配制与标定

1. 配制

市售 NH_4SCN 常含有杂质，而且容易潮解，因此其标准溶液用间接法配制，然后用基准试剂 $AgNO_3$ 标定其准确浓度。也可取一定量已标定好的 $AgNO_3$ 标准溶液，用 NH_4SCN 溶液直接滴定。

2. 标定

NH_4SCN 标准溶液可用佛尔哈德法标定，其基准物质为 $AgNO_3$，以铁铵矾为指示剂，用配好的 NH_4SCN 滴定至浅红色即为终点。

【做一做】 配制并标定 100mL 的 $0.05mol \cdot L^{-1}$ NH_4SCN 标准溶液。

【实践操作】

水样中氯化物含量的测定（莫尔法）

1. 试剂和仪器

试剂：$AgNO_3$（固体），5%K_2CrO_4溶液，NaCl（基准物质）

仪器：酸式滴定管（50mL），锥形瓶（250mL），容量瓶（250mL），吸量管（10mL），移液管（50mL）

2. 测定步骤

(1) 0.05mol·L^{-1} $AgNO_3$标准溶液的配制和标定

配制：在台秤上称取2.1g，溶于250mL不含Cl^-的水中，将溶液转入棕色细口瓶中，置于暗处保存，以减缓因见光而分解的作用。

标定：准确称取0.8g的NaCl基准物质于100mL小烧杯中，加50mL水溶解，定量转入250mL容量瓶中，加水稀释至刻度，摇匀。

准确移取25.00mL的NaCl标准溶液于250mL锥形瓶中，加25mL水，1mL质量分数为5%的K_2CrO_4指示剂，在不断摇动下用$AgNO_3$溶液滴定至白色沉淀中出现砖红色并保持30s，即为终点。平行测定三次。

根据NaCl的用量和滴定所消耗的$AgNO_3$标准溶液的体积，计算$AgNO_3$标准溶液的浓度。

(2) 试样分析

准确移取25.00mL水样于锥形瓶中，加1mL 5% K_2CrO_4溶液。在充分摇动下以0.05mol·L^{-1} $AgNO_3$标准溶液滴定至出现砖红色沉淀，即为终点。记录耗用$AgNO_3$标准溶液的体积，平行测定三次。

3. 数据记录与处理

记录项目	次数	1	2	3
0.05mol·L^{-1} $AgNO_3$溶液的标定	m_{NaCl}/g			
	吸取 NaCl 的体积/mL	25.00	25.00	25.00
	V_{AgNO_3}/mL			
	c_{AgNO_3}/mol·L^{-1}			
	平均值 c_{AgNO_3}/mol·L^{-1}			
	相对偏差/%			
	相对平均偏差/%			
水样中氯化物含量的测定	吸取水样的体积/mL	25.00	25.00	25.00
	V_{AgNO_3}/mL			
	ρ_{Cl^-}/mg·L^{-1}			
	ρ_{Cl^-}/mg·L^{-1}			
	相对偏差/%			
	相对平均偏差/%			

计算公式：$c_{AgNO_3} = \dfrac{\frac{m_{NaCl}}{58.5} \times \frac{25}{250}}{V_{AgNO_3}} \times 10^3$ （mol·L^{-1}）

$$\rho_{Cl} = \frac{c_{AgNO_3} V_{AgNO_3} M_{Cl}}{V_{水样}} \times 1000 \quad （mg·L^{-1}）$$

【分析与思考】

(1) 莫尔法测定氯离子含量，pH 值应控制在多少？

(2) 滴定过程中为什么要充分摇动溶液？

(3) 说明使用重铬酸钾作指示剂的原理？重铬酸钾的用量以多少为宜？

【练习与测试】

一、问答题

1. 难溶物的溶解度与溶度积有什么不同？

2. 什么叫分步沉淀？在含有相同浓度的 Cl^-、Br^-、I^- 的溶液中滴加硝酸银溶液，沉淀的顺序如何？

3. 莫尔法采用 $AgNO_3$ 标准溶液测定 Cl^- 时，其滴定时的 pH 值应控制在多少？

4. 采用佛尔哈得法测定水中 Ag^+ 含量时，滴定到终点时是什么颜色？

二、计算题

1. 工业废水的排放标准规定 Cd^{2+} 降到 $0.10mg \cdot L^{-1}$ 以下即可排放。若用加消石灰中和沉淀法除去 Cd^{2+}，按理论计算，废水溶液中的 pH 至少应为多大？

2. 一种混合液中含有 $3.0 \times 10^{-2} mol \cdot L^{-1}$ Pb^{2+} 和 $2.0 \times 10^{-2} mol \cdot L^{-1}$ Cr^{3+}，若向其中逐滴加入浓 NaOH 溶液（忽略溶液体积的变化），Pb^{2+} 和 Cr^{3+} 均有可能形成氢氧化物沉淀。问哪种离子先被沉淀？

3. 称取 $0.1256g$ 的 NaCl 溶解后调至一定酸度，加入 $30.00mL AgNO_3$ 溶液，过量的 Ag^+ 需用 $3.20mL NH_4SCN$ 溶液滴至终点。已知滴定 $20.00mL$ $AgNO_3$ 溶液需用 $19.85mL NH_4SCN$ 溶液，试计算 $AgNO_3$ 和 NH_4SCN 的浓度分别是多少？

4. 某碱厂用莫尔法测定原盐中氯的含量，以 $0.1000mol \cdot L^{-1}$ $AgNO_3$ 溶液滴定，欲使滴定时用去的标准溶液的毫升数在数值上等于氯的含量，应称取试样多少克？

5. 取某生理盐水 $10.00mL$，加入 K_2CrO_4 指示剂，以 $0.1043mol \cdot L^{-1}$ $AgNO_3$ 标准溶液滴定至砖红色出现，用去标准溶液 $14.58mL$，计算每 $100mL$ 生理盐水所含 NaCl 的质量。

6. 某金属氯化物纯品 $0.2266g$ 溶解后，加入 $0.1121mol \cdot L^{-1}$ 的 $AgNO_3$ 溶液 $30.00mL$，生成 AgCl 沉淀，然后用硝基苯包裹沉淀，再用 $0.1158mol \cdot L^{-1}$ 的 NH_4SCN 溶液滴定过量的 $AgNO_3$，终点时，消耗 NH_4SCN 溶液 $2.79mL$，计算试样中氯的含量。

项目四　染整加工液中氧化剂与还原剂含量的测定

【知识与技能要求】

1. 理解氧化值、氧化还原电对、原电池、电极电势的概念；

2. 掌握常用的氧化还原剂的性质，熟悉其应用；

3. 理解能斯特方程，并熟悉从表达式中判断影响氧化还原反应速率的因素；掌握电极电势的应用；

4. 熟悉氧化还原滴定曲线，理解影响滴定突跃范围的因素，了解确定滴定终点的方法；

5. 掌握高锰酸钾法、重铬酸钾法和碘法中标准溶液的配制和标定的方法，以及其具体应用。

任务一　知识准备

一、氧化还原反应

化学反应可以分为两大类。一类是在反应过程中，反应物之间没有发生电子的转移，如酸碱反应、沉淀反应和配位反应等；另一类是在反应过程中，反应物之间发生了电子的转移，称为氧化还原反应。

氧化数（又称氧化值）是指某元素一个原子的表观电荷数，是假设把每个键中的电子指定给电负性较大的原子而求得的。它主要用于描述物质的氧化或还原状态，并用于氧化还原反应方程式的配平。

元素的氧化数可按如下规则确定。

① 在单质中元素的氧化数为零。

② 在离子化合物中，元素的氧化数为该元素离子所带的电荷数。

③ 在共价化合物中，把两个原子共用的电子对指定给电负性较大的原子后，各原子所具有的形式电荷数即为它们的氧化数。例如，HCl 分子中 H 的氧化数为 $+1$，Cl 为 -1。

④ 氧在化合物中的氧化数一般为 -2；在过氧化物（如 H_2O_2、Na_2O_2 等）中为 -1；超氧化合物（如 KO_2）中为 $-\dfrac{1}{2}$；在 OF_2 中为 $+2$。

⑤ 氢在化合物中的氧化数一般为 $+1$，在金属氢化物（如：NaH、CaH_2、$NaBH_4$、$LiAlH_4$）中氢的氧化数为 -1。

⑥ 在中性分子中，各元素的正负氧化数代数和为零；在复杂离子中各元素原子正负氧化数代数和等于该离子所带的电荷数。

大多数情况下氧化数与化合价是一致的。氧化数与化合价也可以混用的，但它们是两个不同的概念。氧化数是人为规定的，不仅可以是整数，而且可以是分数。化合价表示一种元素的一定数目的原子跟其他元素一定数目的原子化合的性质，化合价只能是整数。

反应前后有氧化数发生变化的反应，称为氧化还原反应。例如：

$$\overset{0}{3Cu}+8H\overset{+5}{N}O_3\rightarrow3\overset{+2}{Cu}(NO_3)_2+2\overset{+2}{N}O+4H_2O$$，该反应中 Cu 和 N 元素的氧化数发生改变，属于氧化还原反应。从微观角度来看，氧化还原反应都伴随有电子的转移或共用电子对的偏移。

1. 氧化和还原

在氧化还原反应中，失电子的过程称为氧化，元素的氧化数升高；得电子的过程称为还原，元素的氧化数降低。例如：

$$Cu^{2+} + Zn \longrightarrow Cu + Zn^{2+}$$

此反应可表示为两个半反应：

$$Zn \longrightarrow Zn^{2+}+2e$$
$$Cu^{2+} + 2e \longrightarrow Cu$$

反应中，Zn 失去 2 个电子，氧化数由 0 升至 $+2$，发生氧化反应；Cu^{2+} 得到 2 个电子，氧化数由 $+2$ 降至 0，发生还原反应。

在氧化还原反应中，一些元素失去电子，氧化数升高，必定同时有另一些元素得到电子，氧化数降低。也就是说，一个氧化还原反应氧化与还原过程必然同时发生。

2. 氧化剂和还原剂

在氧化还原反应中，得电子氧化数降低的物质称为氧化剂；失电子氧化数升高的物质称为还原剂。

常用的氧化剂有活泼的非金属单质，如 O_2、F_2、Cl_2、Br_2、I_2，以及含氧化数较高的元素的化合物或离子，如 $KMnO_4$、$K_2Cr_2O_7$、HNO_3、H_2SO_4 等。常用的还原剂有活泼的金属单质，如 Na、Mg、Al、Zn、Fe 及较低氧化数元素的物质或离子，如 H_2、KI、$SnCl_2$、H_2S、$H_2C_2O_4$ 等。

在氧化剂中应含有高氧化态的元素，还原剂中必定含有低氧化态的元素。若元素处于中间氧化态，则既可作氧化剂又可作还原剂。如：

$$2FeCl_2+H_2O_2+2HCl \longrightarrow 2FeCl_3+2H_2O \quad （H_2O_2作氧化剂）$$
$$H_2O_2+Cl_2 \longrightarrow 2HCl+O_2 \quad （H_2O_2作还原剂）$$

氧化剂和还原剂为同一种物质的氧化还原反应称为自身氧化还原反应，如：

$$2KClO_3 \xrightarrow{MnO_2} 2KCl+3O_2 \uparrow$$

某一物质中同一氧化态的同一元素的原子部分被氧化，部分被还原的反应称为歧化反应，它是自身氧化还原反应的一种特殊类型，如：

$$Cl_2+2NaOH \longrightarrow NaClO+NaCl+H_2O$$

3. 氧化还原电对

在氧化还原反应中，每个半反应中包含着同一种元素的两种不同氧化态物质，一种是处于低氧化数的可作为还原剂的物质（称为还原型物质）；另一种是处于高氧化数的可作为氧化剂的物质（称为氧化型物质）。这种由同一元素的氧化型物质和其对应的还原型物质所构成的整体，称为氧化还原电对，简称电对。电对通常用"氧化型/还原型"表示。例如，Cu 和 Cu^{2+}、Zn 和 Zn^{2+} 所组成的氧化还原电对可分别写成 Cu^{2+}/Cu、Zn^{2+}/Zn。非金属单质及其相应的离子也可以构成氧化还原电对，例如 H^+/H_2 和 O_2/OH^-。任一氧化还原反应中应至少包含两个电对。

　　任何一种物质的氧化型和还原型都可以组成氧化还原电对，而每个电对构成相应的氧化还原半反应，通式表示如下：

$$氧化型 + ne \longrightarrow 还原型$$

式中，n 表示半反应中电子转移的个数。

二、常用的氧化剂的性质

1. 氯的含氧酸及其盐

（1）次氯酸及其盐

将氯气通入水中即发生水解，生成次氯酸：

$$Cl_2 + H_2O \Longrightarrow HClO + HCl$$

次氯酸是一种弱酸，$K_a^{\ominus} = 4.0 \times 10^{-8}$，酸性比碳酸还弱，且很不稳定，只能以稀溶液形式存在。次氯酸具有杀菌和漂白能力。而氯气之所以具有漂白作用，就是由于它和水生成次氯酸的缘故，干燥的氯气是没有漂白能力的。

Cl_2 在水中的溶解度不大，而且溶解的 Cl_2 中只有 30% 左右水解，加之稳定性较差，运输、储存困难，因此氯水的实用价值不大。如果将氯气通入冷的碱溶液中，则歧化反应进行得很彻底：

$$Cl_2 + 2NaOH \longrightarrow NaClO + NaCl + H_2O$$
$$2Cl_2 + 2Ca(OH)_2 \longrightarrow Ca(ClO)_2 + CaCl_2 + 2H_2O$$

NaClO 是一种弱酸强碱盐，在水中能发生水解，生成烧碱及次氯酸，使溶液呈碱性：

$$NaClO + H_2O \longrightarrow HClO + NaOH$$

而次氯酸再分解，生成 HCl 和新生氧。NaClO 的稳定性远高于 HClO，工业上常以 NaClO 做漂白剂。次氯酸钠溶液是无色或淡蓝色并带有刺激性气味的液体，俗称漂白水，其漂白过程简称"氯漂"，浓度常用"有效氯"来表示。商品次氯酸钠溶液一般含有效氯 10%~15%，此外，还含有一定量的食盐、烧碱和少量氯酸钠。NaClO 价格便宜，操作方便，设备简单，适用于低档织物的漂白，但由于环保的要求，目前正在逐渐被过氧化氢所取代。

漂白粉是 $Ca(ClO)_2$、$CaCl_2$、$Ca(OH)_2$ 和 H_2O 的混合物，其中有效成分是 $Ca(ClO)_2$。漂白粉的漂白作用主要基于次氯酸的氧化性。漂白粉中的 $Ca(ClO)_2$ 可以说是漂白粉潜在的强氧化剂，使用时必须加酸，使之转变成 HClO 才能有强氧化性，发挥其漂白、消毒作用。

漂白粉在潮湿的空气中受 CO_2 作用逐渐分解析出次氯酸：

$$Ca(ClO)_2 + CO_2 + H_2O \longrightarrow CaCO_3 \uparrow + 2HClO$$

因此浸泡过漂白粉的织物，在空气中晾晒也可能产生漂白作用，所以漂白粉保存时不要暴露在空气中。使用时注意不要与易燃物（即还原剂）混合，否则可能引起爆炸。因漂白粉有毒，不要吸入体内，否则会引起鼻喉疼痛甚至全身中毒。

（2）亚氯酸及其盐

亚氯酸（$HClO_2$）的酸性比次氯酸强，氧化性很强，比氯酸和高氯酸强，但没有次氯酸强。是目前所知唯一的亚卤酸。同时，它也是氯的含氧酸中最不稳定的，容易分解生成 Cl_2、ClO_2 和 H_2O，但亚氯酸盐较稳定。

亚氯酸钠为白色结晶体，因常含有二氧化氯而带有黄绿色。亚氯酸钠作为一种高效漂白剂，主要用于漂白织物、纤维、纸浆等，具有对纤维损伤小的特点。同时，也可对食糖、淀粉、油脂及植物等进行漂白。近些年来，随着我国工业水处理行业的迅猛发展，二氧化氯作为新型杀菌灭藻剂，得到了广泛的应用，为亚氯酸钠的发展提供了契机。此外，亚氯酸钠在饮用水、水产养殖、食品、卫生等行业的应用也日渐广阔。

（3）氯酸及其盐

氯酸（$HClO_3$）是强酸，其强度接近于盐酸，也是强氧化剂。$HClO_3$ 仅存在于溶液中，若将其浓缩到 40% 以上，即会迅速分解，并发生爆炸：

$$3HClO_3 \longrightarrow 2O_2 \uparrow + Cl_2 \uparrow + HClO_4 + H_2O$$

氯酸盐中最常见的是 $KClO_3$。将 Cl_2 通入 KOH 溶液可制备氯酸盐：

$$3Cl_2 + KOH \longrightarrow 5KCl + KClO_3 + 3H_2O$$

固体 $KClO_3$ 是强氧化剂，在催化剂存在时，200℃ $KClO_3$ 即可分解为 KCl 和 O_2；在无氧化剂作用时，400℃ 左右 $KClO_3$ 可分解为 KCl 和 $KClO_4$。

氯酸盐与易燃物（如 C、S、P 及其有机物）混合，受撞击时会猛烈爆炸。因此氯酸盐常用来制造炸药、火柴、信号弹等。

（4）高氯酸及其盐

高氯酸（$HClO_4$）是无机酸中最强的酸，无水高氯酸是无色液体，浓的高氯酸不稳定，受热分解：

$$4HClO_4 \xrightarrow{\triangle} 2Cl_2 \uparrow + 7O_2 \uparrow + 2H_2O$$

高氯酸在储存时必须远离有机物质，否则会发生爆炸。但高氯酸的水溶液在氯的含氧酸中最稳定，氧化性比 $HClO_3$ 弱。

高氯酸盐是氯的含氧酸盐中最稳定的。固体高氯酸盐在高温下是强氧化剂，但氧化能力比氯酸盐弱，所以高氯酸盐用于制造较为安全的炸药。高氯酸镁和高氯酸钡是很好的吸水剂和干燥剂。

氯的含氧酸及其盐的重要性质，如酸性、氧化性、热稳定性都随分子中氧原子数的改变呈规律性变化，其性质变化规律如表 4-1 所示。

表 4-1　氯的含氧酸及其相应钠盐的性质变化规律

氧化数	酸	热稳定性和酸的强度	氧化性	盐	热稳定性	氧化性和阴离子碱强度
+1	HClO			NaClO		
+3	HClO$_2$	依次增大 ↓	依次增大 ↑	NaClO$_2$	依次增大 ↓	依次增大 ↑
+5	HClO$_3$			NaClO$_3$		
+7	HClO$_4$			NaClO$_4$		

2. 过氧化氢

过氧化氢（H_2O_2）俗称双氧水，在自然界中很少见，仅微量存在于雨雪或某些植物的汁液中，是自然界中还原性物质与大气中的氧化合的产物。

纯过氧化氢是无色黏稠液体，沸点为 150℃，能和水以任意比例混合。市售品有 30% 和 3% 两种规格。

H_2O_2 的性质主要表现为对热的不稳定性、氧化性和酸性。

（1）热不稳定性

过氧化氢的分子中过氧键的键能较小，因此过氧化氢极不稳定，在放置过程中会逐渐分解，放出氧气：

$$2H_2O_2 \longrightarrow 2H_2O + O_2$$

纯过氧化氢在避光和低温下较稳定，常温下分解缓慢，但在 150℃ 以上剧烈分解。浓度高于 65% 的 H_2O_2 和有机物接触时，容易发生爆炸。光照、加热或在碱性溶液中分解加快；若有重金属离子 Fe^{2+}、Mn^{2+}、Cu^{2+}、Cr^{3+} 等存在，大大加快 H_2O_2 的分解。为了防止 H_2O_2 的分解，常将 H_2O_2 放入棕色瓶中，再放在阴凉、避光处，加入稳定剂（如微量 Na_2SnO_3、$Na_4P_2O_7$ 或 8-羟基喹啉等）来抑制所含杂质的催化作用。

（2）弱酸性

H_2O_2 是一种极弱的二元酸，在水溶液中可按下式解离：

$$H_2O_2 \Longrightarrow H^+ + HO_2^-$$
$$HO_2^- \Longrightarrow H^+ + O_2^{2-}$$

常温下，$K_1^{\ominus} = 2.2 \times 10^{-12}$，$K_2^{\ominus}$ 更小，其数量级约为 10^{-25}。

过氧化氢溶液是一个成分复杂而又不稳定的溶液，随着溶液的 pH 值不同，溶液的组分及稳定性也会发生变化，过氧化氢在酸性条件下比较稳定。

（3）氧化性和还原性

H_2O_2 中氧的氧化值为 −1，它既具有氧化性，又具有还原性。其还原产物和氧化产物分别为 H_2O（或 OH^-）和 O_2，因此不会给介质带入杂质，是一种理想的氧化剂或还原剂。

H_2O_2 的还原性较弱，只有遇到比它更强的氧化剂时才表现出来。例如：

$$2KMnO_4 + 5H_2O_2 + 3H_2SO_4 \longrightarrow 2MnSO_4 + 5O_2 + K_2SO_4 + 8H_2O$$
$$Cl_2 + H_2O_2 \longrightarrow 2HCl + O_2 \uparrow$$

前一个反应可用来定量测定 H_2O_2 含量；后一个反应在工业上常用以除去残留氯。H_2O_2 脱氯效果好、无泛黄、无污染，但价格较贵，因此，目前工厂多采用硫酸脱氯。

H_2O_2 的主要用途是基于它的氧化性。3% H_2O_2 溶液在医药上用作消毒剂；在纺织上用作漂白剂和脱氯剂。H_2O_2 的漂白过程简称氧漂，其漂白对纤维的损伤较小，在漂白过程中无有害气体产生，有利于环境保护，但双氧水的价格较次氯酸钠贵，成本较高。在精细化工生产中，H_2O_2 无论作氧化剂或还原剂都很"干净"，因为它反应后的生成物不会留下杂质，污染介质。在近代空间技术中，纯 H_2O_2 曾被用作火箭燃料。

H_2O_2 浓溶液和蒸气对人体都有较强的刺激作用和烧蚀性。30％H_2O_2 溶液接触皮肤时，会使皮肤变白并有刺痛感。H_2O_2 蒸气对眼睛黏膜有强烈的刺激作用，人体若接触浓的 H_2O_2 溶液，须立即用大量的水冲洗。

3. 硫酸及其盐

纯浓硫酸是无色透明的油状液体，工业品因含杂质而混浊或呈浅黄色。市售硫酸有含量为 92％和 98％两种规格，密度分别为 $1.82g \cdot dm^{-3}$ 和 $1.84g \cdot dm^{-3}$（常温下）。

硫酸是主要的化工产品之一，大约有上千种产品需要硫酸作为原料。硫酸主要用于生产化肥，此外还大量用于医药、农药、染料、燃料、化学纤维以及石油、冶金、国防和轻工业等部门。我国硫酸年产量居世界第三位。

硫酸是三大强酸之一，是二元强酸，第一级解离是完全的，第二解离常数是 $K^{\ominus} = 1.2 \times 10^{-2}$。浓 H_2SO_4 具有较强的吸水性，它与水混合时，形成水合物并放出大量的热，可使局部沸腾而飞溅，所以稀释浓 H_2SO_4 时，只能在搅拌下将酸慢慢倒入水中，切不可将水倒入浓 H_2SO_4 中。浓 H_2SO_4 能严重灼伤皮肤，万一误溅，应先用软布或纸轻轻沾去，再用大量水冲洗，最后用 2％的小苏打或稀氨水浸泡片刻。利用浓 H_2SO_4 的吸水能力，常用作干燥剂。

浓 H_2SO_4 还具有强烈的脱水性，能将有机物分子中的 H 和 O 按水的比例脱去，使有机物炭化。例如，蔗糖与浓 H_2SO_4 作用：

$$C_{12}H_{22}O_{11} \xrightarrow{\text{浓 } H_2SO_4} 12C + 11H_2O$$

因此，浓 H_2SO_4 能严重地破坏动植物组织，如破坏衣物和烧伤皮肤，因此在使用时应特别注意安全。

浓 H_2SO_4 是中等强度的氧化剂，在加热的条件下，几乎能氧化所有的金属和一些非金属。它的还原产物一般是 SO_2，若遇到活泼金属，会析出 S，甚至生成 H_2S。

硫酸可形成正盐和酸式盐。酸式硫酸盐和大部分硫酸盐易溶于水，但 Ag_2SO_4 微溶于水，$PbSO_4$、$CaSO_4$、$SrSO_4$ 等难溶于水，而 $BaSO_4$ 几乎不溶于水也不溶于酸。因此，常用可溶性的钡盐溶液鉴定溶液中是否存在 SO_4^{2-}。

大多数硫酸盐晶体都含有结晶水，带有结晶水的过度金属硫酸盐俗称矾。如 $CuSO_4 \cdot 5H_2O$ 称为胆矾或蓝矾，$FeSO_4 \cdot 7H_2O$ 称为绿矾，$ZnSO_4 \cdot 7H_2O$ 称为皓矾。

许多硫酸盐具有重要的用途，如明矾[$K_2SO_4 \cdot Al_2(SO_4)_3 \cdot 24H_2O$]是常用的净水剂和媒染剂，胆矾是消毒杀菌剂；绿矾是农药、医药和制墨水的原料；芒硝（$Na_2SO_4 \cdot 10H_2O$）是主要的化工原料。

4. 亚硝酸和亚硝酸盐

亚硝酸（HNO_2）是一种弱酸，$K_a^{\ominus} = 4.6 \times 10^{-4}$。

亚硝酸很不稳定，室温下歧化分解：

$$3HNO_2 \longrightarrow HNO_3 + 2NO + H_2O$$

亚硝酸仅存在于冷的稀溶液中，微热甚至冷时便会分解成 NO、NO_2 和 H_2O。

亚硝酸虽然很不稳定，但亚硝酸盐，特别是碱金属和碱土金属的亚硝酸盐热稳定性很高。亚硝酸盐一般易溶于水，但淡黄色的 $AgNO_2$ 难溶于水。

亚硝酸及其盐具有强氧化性和还原性，在酸性介质中主要表现为氧化性：

$$2NO_2^- + 2I^- + 4H^+ \longrightarrow 2NO + I_2 + 2H_2O$$

该反应在分析化学中用于定量测定亚硝酸盐。

亚硝酸盐均具有毒性，易转变为致癌物质亚硝酸胺。$NaNO_2$ 和 KNO_2 是重要的两种亚硝酸盐，主要用于有机合成和染料工业，还可用于漂白剂、电镀缓蚀剂等。此外，亚硝酸盐用作鱼、肉类加工的防腐剂或发色剂。

5. 硝酸和硝酸盐

硝酸是工业上重要的三大强酸之一，在国民经济和国防工业中占有重要的地位。它是制造炸药、塑料、硝酸盐和许多其他化工产品的主要原料。

纯硝酸为无色液体，易挥发而产生白烟。发烟硝酸是溶有过量 NO_2 的浓硝酸，呈黄色或红棕色。浓硝酸含 HNO_3 68%，约 $15 mol \cdot L^{-1}$，密度为 $1.4 g \cdot cm^{-3}$。

硝酸是不稳定性酸，受热或见光都会分解：

$$4HNO_3 \longrightarrow 2H_2O + 4NO_2 + O_2$$

分解出来的 NO_2 又溶于 HNO_3，使 HNO_3 带黄色或红棕色。因此实验室常把硝酸储存于棕色瓶中。

HNO_3 具有强氧化性，其还原产物与 HNO_3 的浓度、还原剂的还原性有关。很多非金属都能被硝酸氧化成相应的氧化物或含氧酸。

通常浓 HNO_3 作氧化剂时的还原产物为 NO_2；稀 HNO_3 的还原产物为 NO；遇强还原剂 HNO_3 的还原产物为 N_2O 甚至是 NH_4^+。铁、铝、铬等与冷的浓 HNO_3 接触时会被钝化，所以可以用铝制容器来装盛浓 HNO_3。

一体积浓硝酸与三体积的浓盐酸组成的混合酸称为王水。不溶于硝酸的金和铂能溶于王水。

6. 铬酸盐和重铬酸盐

H_2CrO_4 是较强的酸，有实际用途的是铬酸盐，常见的是 K_2CrO_4 和 Na_2CrO_4，它们都是黄色晶体，可用于鞣革、医药工业，也可作化学试剂和媒染剂。

$H_2Cr_2O_7$ 是强酸，重要的重铬酸盐是 $K_2Cr_2O_7$ 和 $Na_2Cr_2O_7$，俗称红矾钾和红矾钠，它们都是橙红色晶体，易溶于水。$Cr_2O_7^{2-}$ 在酸性溶液中有强氧化性，$Cr_2O_7^{2-}$ 可氧化 S^{2-}、SO_3^{2-}、I^-、Fe^{2+} 等物质，本身被还原为 Cr^{3+}。

饱和 $K_2Cr_2O_7$ 溶液和浓硫酸的混合物叫铬酸洗液，它有强氧化性，在实验室中用于洗涤玻璃器皿。$K_2Cr_2O_7$ 和 $Na_2Cr_2O_7$ 在印染工艺上作媒染剂和某些染料的氧化发色剂。分析纯 $K_2Cr_2O_7$ 为化学分析中的基准物质。

7. 锰酸钾

锰酸钾（K_2MnO_4）是深绿色晶体，可溶于水，在水中发生如下的歧化反应：

$$3MnO_4^{2-} + 2H_2O \longrightarrow MnO_2 + 2MnO_4^- + 4OH^-$$

锰酸盐是制造高锰酸盐的中间产物，此外锰酸钾还用于精炼油类，也可用作消毒剂、媒染剂等。

8. 高锰酸钾

$KMnO_4$ 俗称灰锰氧，紫黑色晶体，易溶于水，水溶液呈紫红色。$KMnO_4$ 在酸性溶液中不太稳定，缓慢分解出 MnO_2。光对此反应有催化作用，因此固体 $KMnO_4$ 及其溶液应放在棕色瓶中避光存放。

$KMnO_4$ 与有机物或易燃物混合，易发生燃烧或爆炸，所以保存固体 $KMnO_4$ 时应避免与浓 H_2SO_4 及有机物接触。$KMnO_4$ 无论在酸性、中性或碱性溶液中都能发挥氧化作用，其还原产物分别为 Mn^{2+}、MnO_2 和 MnO_4^{2-}。

$KMnO_4$ 在化学工业中用于生产维生素 C、糖精等；在轻化工业中用作纤维、油脂的漂白和脱色；分析化学中常用它测定 Fe^{2+}、H_2O_2、草酸盐、亚硝酸盐等还原性物质的含量；在医疗上用作杀菌消毒剂，在日常生活中，它的稀溶液（0.1%）可以用于水果和茶杯的消毒。

三、常用的还原剂的性质

1. 硫化氢和硫化物

硫化氢是无色有腐臭味的有毒气体，有麻醉中枢神经的作用，吸入大量 H_2S 时会因中毒而造成昏迷甚至死亡，工业上 H_2S 在空气中的最大允许含量为 $0.01mg \cdot L^{-1}$。

H_2S 气体能溶于水，在 20℃时 1 体积水能溶解 2.6 体积的硫化氢。硫化氢饱和溶液的浓度约为 $0.1mol \cdot L^{-1}$，其溶液叫氢硫酸。

氢硫酸是很弱的二元弱酸，在水溶液中解离：

$$H_2S \Longrightarrow H^+ + HS^- \qquad K_{a1}^{\ominus} = 1.1 \times 10^{-7}$$

$$HS^- \Longrightarrow H^+ + S^{2-} \qquad K_{a2}^{\ominus} = 1.3 \times 10^{-13}$$

硫化氢无论在酸性还是碱性介质中均具有还原性。当硫化氢溶液在空气中放置时，容易被空气中氧所氧化，析出单质硫，使溶液变混浊：

$$2H_2S + O_2 \longrightarrow 2S \downarrow + 2H_2O$$

当 H_2S 遇到强氧化剂时，可将 S 氧化为 H_2SO_4，例如：

$$H_2S + 4Cl_2 + 4H_2O \longrightarrow H_2SO_4 + 8HCl$$

氢硫酸可形成正盐和酸式盐。酸式盐均易溶于水，而正盐中除了碱金属的硫化物和 BaS、$(NH_4)_2S$ 易溶于水外，碱土金属硫化物微溶于水（BeS 难溶于水），其他硫化物几乎都不溶于水。

由于氢硫酸是弱酸，故硫化物都有不同程度的水解性。碱金属硫化物，如 Na_2S 溶于水，因其水解而使溶液呈碱性。工业上常用价格便宜的 Na_2S 代替 NaOH 作为碱使用，故 Na_2S 俗称硫化碱，其水解反应如下：

$$S^{2-} + H_2O \Longrightarrow HS^- + OH^-$$

可溶性硫化物可用作还原剂，制造硫化染料、脱毛剂、农药和鞣革，也用于制荧光粉。

2. 亚硫酸及其盐

SO_2 易溶于水，常温下 1L 水中能溶解 40L 的 SO_2，相当于 10％的溶液。SO_2 溶于水生成不稳定的亚硫酸（H_2SO_3），仅存在于溶液中。

亚硫酸是二元中强酸，分两步解离：

$$H_2SO_3 \rightleftharpoons H^+ + HSO_3^- \qquad K_1^\ominus = 1.3 \times 10^{-2}$$

$$HSO_3^- \rightleftharpoons H^+ + SO_3^{2-} \qquad K_2^\ominus = 6.1 \times 10^{-8}$$

在二氧化硫、亚硫酸及其盐中，S 的氧化数为 +4，所以它们既有氧化性，也有还原性，但以还原性为主。

$$H_2SO_3 + 2H_2S \longrightarrow 3S + 3H_2O$$

$$2H_2SO_3 + O_2 \longrightarrow 2H_2SO_4$$

因此，保存亚硫酸或亚硫酸盐时应防止空气的进入。此外，亚硫酸和亚硫酸盐还易被氧化剂所氧化，如：

$$H_2SO_3 + I_2 + H_2O \longrightarrow H_2SO_4 + 2HI$$

亚硫酸钠或亚硫酸氢钠常用作印染工业中的除氯剂，除去布匹漂白后残留的氯。它们还可以用作消毒剂，杀灭霉菌。

3. 硫代硫酸钠

硫代硫酸钠俗称大苏打，商品名称为海波，可将硫粉溶于沸腾的亚硫酸钠碱性溶液中制得：

$$Na_2SO_3 + S \xrightarrow{\triangle} Na_2S_2O_3$$

硫代硫酸钠易溶于水，水溶液呈弱碱性。其在中性、碱性溶液中很稳定，在酸性溶液中由于生成不稳定的硫代硫酸（$H_2S_2O_3$）而分解：

$$S_2O_3^{2-} + 2H^+ \xrightarrow{\triangle} S\downarrow + SO_2\uparrow + H_2O$$

也常用此反应来鉴定 $S_2O_3^{2-}$。

硫代硫酸根可以看成是 SO_4^{2-} 中的一个 O 原子被 S 原子所代替的产物，$S_2O_3^{2-}$ 中两个 S 原子的平均氧化数为 +2，因此 $S_2O_3^{2-}$ 具有还原性，易被氧化。

硫代硫酸钠是一个中等强度的还原剂，与强氧化剂（如氯、溴等）作用被氧化成硫酸盐；与较弱的氧化剂（如碘）作用被氧化成连四硫酸盐：

$$Na_2S_2O_3 + 4Cl_2 + 5H_2O \longrightarrow 2H_2SO_4 + 2NaCl + 6HCl$$

$$2Na_2S_2O_3 + I_2 \longrightarrow Na_2S_4O_6 + 2NaI$$

前一反应可用于除 Cl_2，后一反应为间接碘量法的基础。

硫代硫酸钠主要用作化工生产中的还原剂，纺织、造纸工业中漂白物的脱氯剂，照相工艺的定影剂，还用于电镀、鞣革等行业。

4. 连二亚硫酸钠

连二亚硫酸钠为白色粉末状固体，以 $Na_2S_2O_4 \cdot 2H_2O$ 的形式存在，俗称保险粉。在无氧的条件下，用锌粉还原亚硫酸氢钠即可制得连二亚硫酸钠：

$$2NaHSO_3 + Zn \longrightarrow Na_2S_2O_4 + Zn(OH)_2$$

连二亚硫酸钠易溶于水，但其水溶液很不稳定，易分解：

$$S_2O_4^{2-} + H_2O \longrightarrow S_2O_3^{2-} + 2HSO_3^-$$

$Na_2S_2O_4$ 是一种强还原漂白剂，能还原碘、碘酸盐、O_2、Ag^+、Cu^{2+} 等。如：

$$Na_2S_2O_4 + O_2 + H_2O \longrightarrow NaHSO_3 + NaHSO_4$$

在气体分析中常用此反应分析氧气。

连二亚硫酸钠主要用于印染工业，它能保证印染织物色泽鲜艳，不易被空气中的氧气氧化，因而称为保险粉。连二亚硫酸钠还被用来防止水果、食品的腐烂。

【分析与思考】　解释下列现象：

(1) Cl_2、SO_2、H_2O_2 都是漂白、杀菌作用。

(2) 实验室不能长期保存 H_2S，Na_2S，Na_2SO_3 和 $Na_2S_2O_3$ 溶液。

任务二　电导仪的使用

一、原电池

把锌片放入 $CuSO_4$ 溶液中，则锌将溶解，铜将从溶液中析出，反应的离子方程式为：

$$Zn + Cu^{2+} \longrightarrow Zn^{2+} + Cu$$

这是一个可以自发进行的氧化还原反应。在实验室中可以采用如图 4-1 的装置来实现这种转变。在两个分别装有 $ZnSO_4$ 和 $CuSO_4$ 溶液的烧杯中，分别插入 Zn 片和 Cu 片，并用一个充满电解质溶液（一般用饱和 KCl 溶液，为了使溶液不致流出，常用琼脂与 KCl 饱和溶液制成胶冻）的 U 形管（称为盐桥）联通起来。用一个灵敏电流计（A）将两个金属片联接起来后可以观察到：电流计指针发生了偏移，说明有电流发生，原电池对外做了电功；Cu 片上有 Cu 发生沉积，Zn 片发生了溶解。可以确定电流是从 Cu 极流向 Zn 极（即电子从 Zn 极流向 Cu 极）。

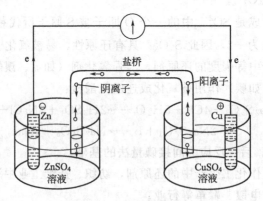

图 4-1　Cu-Zn 原电池

此装置之所以能够产生电流，是由于 Zn 要比 Cu 活泼，Zn 片上 Zn 易放出电子，Zn 氧化成 Zn^{2+} 进入溶液中：

$$Zn - 2e \longrightarrow Zn^{2+}$$

电子定向地由 Zn 片沿导线流向 Cu 片，形成电子流。溶液中的 Cu^{2+} 趋向 Cu 片接受电子还原成 Cu 沉积：

$$Cu^{2+} + 2e \longrightarrow Cu$$

借助于氧化还原反应，将化学能直接转变为电能的装置叫原电池。原电池中，电子流出的电极是负极，发生氧化反应；电子流入的电极是正极，发生还原反应。

在 Cu-Zn 原电池中电极反应：

负极　　　　　　　　　　　$Zn - 2e \longrightarrow Zn^{2+}$

正极　　　　　　　　　　　$Cu^{2+} + 2e \longrightarrow Cu$

将两个电极反应相加，即可得到原电池反应：

$$Zn + Cu^{2+} \longrightarrow Cu + Zn^{2+}$$

为了简明起见，Cu-Zn 原电池可用下列电池符号表示：

$$(-)\ Zn | ZnSO_4(c_1) \parallel CuSO_4(c_2) | Cu(+)$$

其中"$|$"表示相的界面，"$\parallel$"表示盐桥，盐桥两边为两个半反应，c_1 和 c_2 分别表示 $ZnSO_4$ 和 $CuSO_4$ 溶液的浓度。当浓度为 $1mol \cdot L^{-1}$ 时，可不必写出。如有气体物质，则应标出其分压 p。在书写原电池符号时，习惯上把负极（$-$）写在左边，正极（$+$）写在右边，每个原电池都由两个"半电池"组成。氧化态物质和还原态物质在一定条件下，可以相互转化：

$$氧化态 + ne \Longrightarrow 还原态$$

$$或\quad Ox + ne \Longrightarrow Red$$

这就是半电池反应或电极反应的通式。

二、电极电势

电极电势的产生的微观机理十分复杂，1889 年德国化学家能斯特（H. S. Nernst）提出了双电层理论。由于金属晶体是由金属原子、金属离子和自由电子组成的，因此，若把金属置于其盐溶液中，在金属与其盐溶液的接触界面上就会发生两种不同的过程，一方面金属表面的金属阳离子受到极性水分子的吸引而进入溶液，另一方面溶液中的水合离子受到金属表面自由电子的吸引，结合电子成为金属原子重新沉积在金属表面。在一定的条件下，这两种相反的倾向可达到平衡：

$$M(s) \Longrightarrow M^{n+}(aq) + ne$$

如果溶解倾向大于沉积倾向，达到平衡后金属表面将有以部分金属离子进入溶液，使金属表面带负电荷，金属附近溶液则因金属离子的进入而带正电荷，这样就在金属与其盐溶液的接触面处就建立起双电层结构，如图 4-2(a) 所示。相反，如果金属离子沉积的倾向大于金属溶解的倾向，达到平衡后，金属表面带正电荷，溶液带负电荷，这样也构成了相应的双电层结构，如图 4-2(b) 所示。这种双电层之间存在一定的电势差，该电势差也称为电极的绝对电势，其大小和方向主要取决于金属的种类和溶液中离子的浓度。

显然，金属与其相应离子所组成的氧化还原电对不同，金属离子的浓度不同，这种双

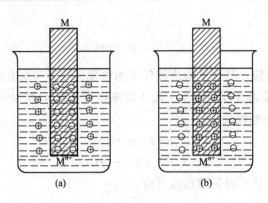

图 4-2　金属电极电势

电层的电势差也就不同。因此。若将两种不同的氧化还原电对设计成原电池，则在两电极之间就会有一定的电势差，从而产生电流。原电池的正极和负极间的电极电势差称为原电池的电动势。

目前还无法由实验测定单个电极的绝对电势，但可用电位差计测定原电池的电动势，并规定电动势 E 等于两个电极的电极电势的差值。即：

$$E = \varphi_+ - \varphi_-$$

1. 标准电极电势

（1）标准氢电极（standard hydrogen electrode，SHE）

将镀有一层海绵状铂黑的铂片（或镀有铂黑的铂片）置于氢离子浓度（严格地说应为活度 a）为 $1\text{mol} \cdot \text{L}^{-1}$ 的硫酸溶液中，在一定的温度下不断地通入压力为 100kPa 的纯氢气，使铂黑吸附氢气达到饱和，形成一个氢电极。在这个电极的周围发生如下的平衡：$H_2(p=100\text{kPa}) \longrightarrow 2H^+(1.0\text{mol} \cdot \text{L}^{-1}) + 2e$，这种状态下的电极电势，称为氢的标准电极电势。国际上规定在任何温度下都规定标准氢电极的电极电势为零（实际上电极电势同温度有关），即 $\varphi_{H^+/H_2}^{\ominus} = 0.00\text{V}$。图 4-3 为标准氢电极。实际上很难制得上述那种标准溶液，它只是一种理想溶液。

标准氢电极要求 H_2 纯度高、压力稳定，而铂在溶液中易吸附其他组分而中毒失去活性，因此在实际工作中常用制备容易、使用方便、电极电势稳定的甘汞电极等代替标准氢电极作为参比标准进行测定，这类电极称为参比电极。

（2）甘汞电极（calomel electrodc）

甘汞电极的构造如图 4-4 所示，内玻璃管中封接一根铂丝，铂丝插入厚度为 $0.5 \sim 1\text{cm}$ 的纯 Hg 中，下置一层 Hg_2Cl_2（甘汞）和 Hg 的糊状物，外玻璃管中装入 KCl 溶液。电极下端与待测溶液接触的部分是熔结陶瓷芯或玻璃砂芯类多孔物质。

甘汞电极的电极符号可以写为：

$$Pt, Hg(l) \mid Hg_2Cl_2(s) \mid Cl^-(2.8\text{mol} \cdot \text{L}^{-1})$$

其电极反应为：

$$Hg_2Cl_2(s) + 2e \Longrightarrow 2Hg(l) + 2Cl^-$$

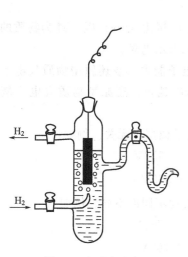

图 4-3　标准氢电极

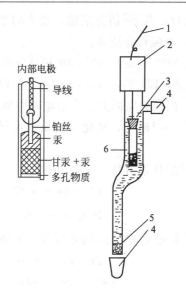

图 4-4　甘汞电极

1—导线；2—绝缘体；3—内部电极；

4—橡皮帽；5—多孔物质；6—饱和 KCl

常用饱和甘汞电极（KCl 溶液为饱和溶液）或者 C1⁻ 浓度分别为 1mol·L⁻¹、0.1mol·L⁻¹ 的甘汞电极作参比电极。在 298.15K 时，它们的电极电势分别为 ＋0.2445V 和 ＋0.3356V。

（3）标准电极电势

在热力学标准状态下 ，即有关物质的浓度（严格地说应为活度 α）为 1mol·L⁻¹，气体的分压力为 100kPa，液体或固体是纯净物质时，某电极的电极电势称为该电极的标准电极电势，以符号 $\varphi^{\ominus}$ 表示。

目前，还无法测定单个电极的绝对电势，只能选定某一电对作参比标准。一般用标准氢电极与其他各种标准状态下的电极组成原电池，测得这些电极与标准氢电极之间的电动势，确定正、负电极，从而计算各种电极的标准还原电位。这样就可以测得一系列金属的标准电极电势，表 4-2 列了几种物质的标准电极电势，其余物质见附录 Ⅱ 中的标准电极电势表。

表 4-2　标准电极电势（298.15K）

（在酸性溶液中）

电极反应	$\varphi^{\ominus}/V$	电极反应	$\varphi^{\ominus}/V$
$Zn^{2+}+2e \Longrightarrow Zn$	-0.7618	$Cu^{2+}+e \Longrightarrow Cu^+$	0.153
$Fe^{2+}+2e \Longrightarrow Fe$	-0.447	$Cu^{2+}+2e \Longrightarrow Cu$	0.3419
$2H^++2e \Longrightarrow H_2$	0	$MnO_2+4H^++2e \Longrightarrow Mn^{2+}+2H_2O$	1.224
$Cu^++e \Longrightarrow Cu$	0.521	$F_2+2e \Longrightarrow 2F^-$	2.866

使用标准电极电势表时应注意几点：

（1）本书采用 1953 年国际纯粹和应用化学联合会（IUPAC）所规定的电极电势。各标准电极电势依代数值递增的顺序排列，在氢电极上方的电对，其 $\varphi^{\ominus}$ 值为负值，在氢电极下方的电对，其 $\varphi^{\ominus}$ 值为正值。查表时要注意溶液的 pH。pH ＜7 时，查酸性介质表；pH ＞7 时，查碱性介质表。

（2）在 $M^{n+}+ne \Longleftrightarrow M$ 的电极反应中，M^{n+} 为物质的氧化（Ox）型，M 为物质的还原（Red）型，即：$Ox+ne \Longleftrightarrow Red$，所以用 Ox/Red 来表示电对。

（3）$\varphi^{\ominus}$ 的代数值的大小表示电对中氧化型物质得电子能力（或还原型物质失电子能力）的难易，$\varphi^{\ominus}$ 越正，氧化型物质得电子能力越强；$\varphi^{\ominus}$ 越负，还原型物质失电子能力越强。

（4）$\varphi^{\ominus}$ 的代数值与半反应的书写无关，即与得失电子数多少无关。例如：

$$Cl_2+2e \longrightarrow 2Cl^-, \quad \varphi^{\ominus}_{Cl_2/Cl^-}=+1.358V$$

$$1/2Cl_2+e \longrightarrow Cl^-, \quad \varphi^{\ominus}_{Cl_2/Cl^-}=+1.358V$$

（5）标准电极电势 $\varphi^{\ominus}$ 的正或负，不随电极反应的书写不同而不同。例如：

$$Zn-2e \longrightarrow Zn^{2+} \quad \varphi^{\ominus}_{Zn^{2+}/Zn}=-0.762V$$

$$Zn^{2+}+2e \longrightarrow Zn \quad \varphi^{\ominus}_{Zn^{2+}/Zn}=-0.762V$$

2. 条件电极电势

标准电极电势是指在一定温度下（通常为 298.15K），氧化还原半反应中各组分都处于标准状态，即离子或分子的活度等于 $1mol \cdot L^{-1}$、气体的分压等于 100 kPa 时的电极电势，即氧化态和还原态均应以活度表示。通常我们知道的是溶液中物质的浓度而不是活度，为了简化起见，往往忽略溶液中离子强度的影响，以浓度代替活度进行计算。但是在实际工作中，溶液的离子强度往往比较大，而当溶液的组成改变时，电对的氧化型和还原型物质的存在形式也往往随着改变，从而引起电极电势的变化。在计算电对的电极电势时若不考虑这两个因素，计算结果将会有较大误差。

条件电极电势是一定条件下，氧化态和还原态物质的总浓度均为 $1mol \cdot L^{-1}$ 或二者的总浓度比为 1 时的实际电极电势。条件电极电势的大小反映了在各种条件的影响下该氧化还原电对的实际氧化还原能力。因此，应用条件电极电势比用标准电极电势更能正确判断氧化还原反应的方向、次序和反应完成的程度。常见的氧化还原电对的条件电极电势见附录Ⅲ。

三、电导率的测定

电导率是用来表示水溶液传导电流的能力。水溶液的电导率取决于离子的性质和浓度、溶液的温度和黏度等。水的电导率与其所含无机酸、碱、盐的量有一定关系。当它们的浓度低时，电导率随浓度的增大而增大。该指标常用于推测水中离子的总浓度或含盐量。

因为电导是电阻的倒数，因此，测量电导大小的方法，可用两个电极插入溶液中，以测出两个极间的电阻 R。据欧姆定律，温度一定时，这个电阻与电极的间距 $L(m)$ 成正比，与电极的截面积 $A(m^2)$ 成反比。即：$R=\rho L/A$。ρ 为电阻率，其倒数 $1/\rho$ 称为电导率，以 K 表示。由于电极的截面积 A 和间距 L 都是固定不变的，故 L/A 是一常数，称为电导池常数，以 Q 表示。

$$K=\frac{L}{AR}=\frac{Q}{R}$$

电导率的单位为西门子每米（$S \cdot m^{-1}$），一般使用单位为 $\mu S \cdot cm^{-1}$。已知电导池常数，并测出电阻后，即可求出电导率。由此可见，溶液的电导与测量电极的面积及两电极间的距离有关，而电导率则与此无关。因此，用 κ 来反映溶液导电能力更为恰当。

电导率随温度变化而变化，温度每升高 1℃，电导率增加 2%。通常规定 25℃ 为测定电导率的标准温度。

电导率的测定方法是电导率仪法。

【阅读与思考】　阅读 DDS-11A 型数字电导率仪或其他实验室电导率仪的说明书，了解其技术性能、电极、量程。

(1) DDS-11A 型电导率仪配有几种型号的电极？各种电极的电导池常数是多少？

(2) 怎样设定电导池常数和量程？

【实践操作】

醋酸溶液电导率的测定

1. 试剂和仪器

试剂：HAc（$0.100 mol \cdot L^{-1}$）标准溶液

仪器：DDS-11A 型电导率仪，多用滴管，吸量管（10mL），容量瓶（100mL），烧杯，洗耳球

2. 实验步骤

(1) 配制不同浓度的醋酸溶液

取 4 只 100mL 的容量瓶，用吸量管取已知浓度的 Hac 溶液 6.00mL、12.00mL、24.00mL、48.00mL 分别置于各容量瓶中，配制成 100mL 的溶液。算出各容量瓶中溶液的浓度。

(2) 电极的选择

估计待测溶液的电导率，按照说明书选择电极。电导率低，则需要选择电导池常数小的电极。

(3) 测定乙酸溶液的电导率

分别从各容量瓶吸出不同浓度的 HAc 溶液移至清洁干燥的 4 只小烧杯，再移取一定量的未稀释的 HAc 标准溶液至另一小烧杯中。把电导率仪的电极先用蒸馏水淋洗，用吸水纸吸干水分后，再用最低浓度的 HAc 标准溶液淋洗 3 次，测定其溶液的电导率。同样操作，测定其他溶液的电导率。

3. 数据记录与处理

实验编号	HAc 标准溶液浓度/$mol \cdot L^{-1}$	电极型号	电极常数	量程	电导率/$S \cdot m^{-1}$

【课外充电】 查阅相关资料和仪器使用说明书，利用便携式电导率仪现场测定水溶液的电导率。

任务三　氧化剂和还原剂含量的测定

氧漂液中 H_2O_2 含量的测定通常采用氧化还原滴定法，它是以氧化还原反应为基础的滴定分析法。氧化还原滴定法能直接或间接滴定许多无机物和有机物。例如，用重铬酸钾法测定铁，以二苯胺磺酸钠为指示剂，用重铬酸钾标准溶液滴定溶液中的 Fe^{2+}，当滴定到达终点时指示剂变色，从而可以测定和计算铁的含量。

一、氧化还原滴定曲线

氧化还原滴定和其他滴定方法一样，随着标准溶液的加入，溶液的某一性质会不断发生变化。实验或计算表明，氧化还原滴定过程中电极电势的变化在化学计量点附近也有突跃。若用曲线形式表示标准溶液用量和电极电势变化的关系，即得到氧化还原滴定曲线。

现以在 $1mol \cdot L^{-1}$ H_2SO_4 溶液中，用 $0.1000mol \cdot L^{-1}$ Ce^{4+} 溶液滴定 $20.00mL$ $0.1000mol \cdot L^{-1}$ Fe^{2+} 溶液为例，滴定过程中，不同滴定点的电位计算结果列于表 4-3，由此绘制的滴定曲线如图 4-5 所示。

表 4-3　在 $1mol \cdot L^{-1}$ H_2SO_4 溶液中，用 $0.1000mol \cdot L^{-1}$ Ce^{4+}

溶液滴定 $20.00mL$ $0.1000mol \cdot L^{-1}$ Fe^{2+} 溶液

加入 Ce^{4+} 溶液		电极电势/V	加入 Ce^{4+} 溶液		电极电势/V
V/mL	α/%		V/mL	α/%	
1.00	5.0	0.6	19.80	99.0	0.80
2.00	10.0	0.62	19.98	99.9	0.86
4.00	20.0	0.64	20.00	100.0	1.06
8.00	40.0	0.67	20.02	100.1	1.26
10.00	50.0	0.68	22.00	110.0	1.38
12.00	60.0	0.69	30.00	150.0	1.42
18.00	90.0	0.74	40.00	200.0	1.44

从图 4-5 可见，当 Ce^{4+} 标准溶液滴入 50% 时的电极电势等于还原剂电对的条件电极电势，当标准溶液滴入 200% 时的电极电势等于氧化剂电对的条件电极电势。滴定由 99.9%～100.1% 时电极电势的变化范围为 $1.26V-0.86V=0.4V$，即滴定曲线的电势突跃是 0.4V。滴定曲线的电位突跃是判断氧化还原反应滴定的可能性和选择指示剂的依据。氧化还原滴定曲线的滴定突跃的长短和氧化剂、还原剂两电对的条件电极电势的差值大小有关。两电对的条件电极电势相差越大，滴定突跃就越长，反之，其滴定突跃就越短。

二、滴定终点的确定

在氧化还原滴定过程中，可利用在化学计量点附近颜色的改变来指示终点的到达。氧化还原滴定法中常用的指示剂有以下三种类型。

1. 自身指示剂

有些标准溶液或被滴定物质本身有颜色，则在氧化还原滴定过程中就不需要另加指示剂，利用其本身颜色的变化起着指示剂的作用，这称为自身指示剂。

例如 $KMnO_4$ 溶液呈紫红色，其还原产物 Mn^{2+} 几乎无色，所以用高锰酸钾溶液作标准溶液滴定到化学计量点时，只要稍过量 2×10^{-6} mol·L^{-1} 时溶液即呈粉红色。

2. 专属指示剂

有些物质本身并不具有氧化还原性，但它能与滴定剂或被滴定物产生特殊的颜色，因而可指示滴定终点。

例如可溶性淀粉与游离 I_2 生成深蓝色的配合物。当 I_2 被还原为 I^- 时，蓝色消失；当 I^- 被氧化为 I_2 时，蓝色出现。当 I_2 的浓度为 2×10^{-6} mol·L^{-1} 时即能看到蓝色，反应极灵敏。

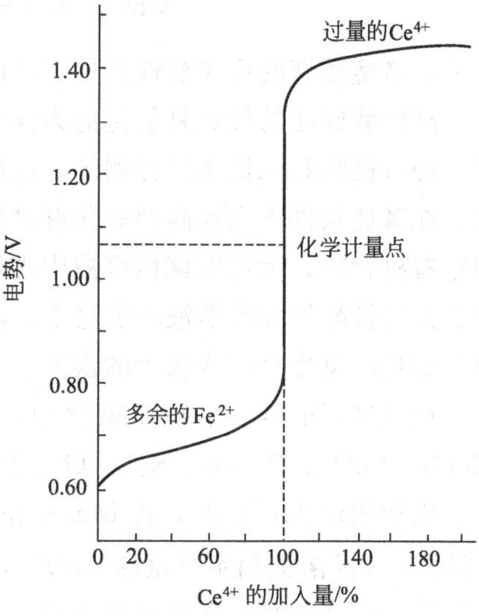

3. 氧化还原指示剂

这类指示剂本身是具有氧化还原性质的有机

图 4-5 0.1000mol·L^{-1} Ce^{4+} 滴定 0.1000mol·L^{-1} Fe^{2+} 的滴定曲线

化合物。在氧化还原滴定过程中能发生氧化还原反应，而它的氧化态和还原态具有不同的颜色，因而可指示氧化还原滴定的终点。

表 4-4 列出一些重要的氧化还原指示剂的条件电极电势，在选择指示剂时，应使氧化还原指示剂的条件电极电势尽量与反应的化学计量点的电位相一致，以减小滴定终点的误差。

表 4-4　一些重要氧化还原指示剂的条件电极电势及其颜色变化

指示剂	$E^{\ominus'}(In)/V$ $[H^+]=1mol/L$	颜色变化	
		氧化态	还原态
亚甲基蓝	0.36	蓝	无色
二苯胺	0.76	紫	无色
二苯胺磺酸钠	0.84	红紫	无色
邻苯氨基苯甲酸	0.89	红紫	无色
邻二氮杂菲-亚铁	1.06	浅蓝	红
硝基邻二氮杂菲-亚铁	1.25	浅蓝	紫红

三、常用的氧化还原滴定法

在氧化还原滴定法中是以氧化剂或还原剂作为标准溶液，习惯上分为高锰酸钾法、重铬酸钾法、碘法等滴定方法。

1. 高锰酸钾法

高锰酸钾是一种强氧化剂。在强酸性溶液中：

$$MnO_4^- + 8H^+ + 5e \longrightarrow Mn^{2+} + 4H_2O \qquad \varphi^{\ominus} = 1.51 \text{ V}$$

在中性或弱碱性中：

$$MnO_4^- + 2H_2O + 3e \longrightarrow MnO_2 + 4OH^- \qquad \varphi^{\ominus} = 0.588V$$

在碱性（$[OH^-] > 2mol/L$）条件下与有机物的反应：

$$MnO_4^- + e \longrightarrow MnO_4^{2-} \qquad \varphi^\ominus = 0.564\ V$$

可见，高锰酸钾既可在酸性条件下使用，也可在碱性条件下使用。

高锰酸钾法的优点是氧化能力强，可以采用直接、间接、返滴定等多种滴定方法，对于多种有机物和无机物进行测定，应用非常广泛。测定无机物一般在强酸条件下进行。但是，在碱性条件下高锰酸钾氧化有机物的反应速率比在酸性条件下更快，所以用高锰酸钾测定有机物时，大都在碱性溶液中进行。另外，高锰酸钾在滴定时自身可作指示剂，但其缺点是高锰酸钾标准溶液不够稳定，滴定的选择性差。测定条件的酸度、温度等控制不当以及副反应发生会引入较大的误差。

用 $KMnO_4$ 标准溶液作氧化剂，可直接滴定 Fe^{2+}、H_2O_2、$C_2O_4^{2-}$ 等还原性物质。MnO_2、PbO_2、Pb_3O_4、$K_2Cr_2O_7$、$KClO_3$ 以及 H_3VO_4 等氧化剂的含量可用返滴定法测定。例如测定 MnO_2 时，将 MnO_2 在硫酸溶液中，与 $Na_2C_2O_4$（一定过量）作用后，用 $KMnO_4$ 标准溶液滴定过量的 $C_2O_4^{2-}$，从而测得 MnO_2 的含量。有些物质虽然不具有氧化还原性，但能与另一还原剂或氧化剂发生定量反应，也可以用高锰酸钾法间接滴定。

（1）$KMnO_4$ 标准溶液配制

市售的 $KMnO_4$ 试剂纯度为 $99\%\sim99.5\%$，其中常含少量硫酸盐、氯化物、硝酸盐以及 MnO_2 等多种杂质，而且蒸馏水中也含有微量的还原性物质，易还原析出 $MnO(OH)_2$ 沉淀。$KMnO_4$ 还能自行分解：

$$4KMnO_4 + 2H_2O \longrightarrow 4MnO_2\downarrow + 4KOH + 3O_2\uparrow$$

Mn^{2+} 和 MnO_2 又能促进 $KMnO_4$ 分解，且见光可使 $KMnO_4$ 的分解速率更快。故 $KMnO_4$ 标准溶液只能采用间接法配制法：

① 称取稍多于理论量的 $KMnO_4$，溶解于一定体积的蒸馏水中。

② 将溶液加热至沸，并保持微沸约 1h，冷却后将溶液储存于棕色试剂瓶中，在暗处放置 $2\sim3$ 天，使溶液中可能含有的还原性物质完全被氧化。

③ 使用前将溶液中的沉淀过滤出去，然后进行标定。

（2）$KMnO_4$ 标准溶液的标定

可用作标定 $KMnO_4$ 溶液的基准物质有：$FeSO_4\cdot(NH_4)_2SO_4\cdot6H_2O$、$H_2C_2O_4\cdot2H_2O$、$Na_2C_2O_4$ 和纯铁等。其中最常用的是 $Na_2C_2O_4$，它易提纯、性质稳定、不含结晶水。$Na_2C_2O_4$ 在 $105\sim110℃$ 烘干约 2h，冷却后即可使用。

在 H_2SO_4 溶液中，MnO_4^- 与 $C_2O_4^{2-}$ 的反应为：

$$2MnO_4^- + 5C_2O_4^{2-} + 16H^+ \longrightarrow 2Mn^{2+} + 10CO_2\uparrow + 8H_2O$$

为了使反应能够定量进行，控制其滴定条件十分重要。

① 温度　室温下反应速率极慢，为了提高反应速率，常将溶液加热到 $75\sim85℃$，但反应温度不宜超过 $90℃$，过高会使部分 $C_2O_4^{2-}$ 在酸性溶液中分解：

$$H_2C_2O_4 \xrightarrow{>90℃} CO_2\uparrow + CO\uparrow + H_2O$$

② 酸度　为了保证滴定反应能正常进行，溶液必须保持一定的酸度。酸度过高，会

促使 $H_2C_2O_4$ 分解，酸度过低，会使 $KMnO_4$ 部分还原为 MnO_2。溶液的酸度应控制在 $0.5\sim1.0\,mol\cdot L^{-1}$。为避免 Fe^{2+} 诱导 $KMnO_4$ 氧化 Cl^- 的反应发生，不使用 HCl 提供酸性介质，而使用 H_2SO_4。

③ 滴定速度　MnO_4^- 与 $C_2O_4^{2-}$ 的反应是自动催化反应。滴定开始时，加入的第一滴 $KMnO_4$ 溶液褪色很慢，所以开始滴定要慢些。等最初几滴 $KMnO_4$ 溶液已经反应生成 Mn^{2+}，Mn^{2+} 的自身催化作用加快反应进行。反应速率逐渐加快之后，滴定速度就可以稍快些，但不能让 $KMnO_4$ 溶液像流水似的流下去，否则部分加入的 $KMnO_4$ 溶液来不及反应，在热的酸性溶液中会发生分解。

④ 滴定终点　化学计量点后稍微过量的 MnO_4^- 使溶液呈现粉红色而指示终点的到达。由于空气中的还原性气体和灰尘等能使 $KMnO_4$ 还原，溶液的粉红色会逐渐消失，故该终点不太稳定。因此，溶液出现粉红色在 30s 内不褪色即可认为已到滴定终点。

◎【练一练】　称取基准物质 $Na_2C_2O_4$ 0.1500g 溶液在强酸溶液中，然后用 $KMnO_4$ 标准溶液滴定，到达终点时用去 20.00mL，计算 $KMnO_4$ 溶液的浓度。

◎【实践操作】

氧漂液中 H_2O_2 含量的测定

1. 试剂和仪器

试剂：固体高锰酸钾，H_2SO_4（$2\,mol\cdot L^{-1}$）

仪器：酸式滴定管，移液管，烧杯，锥形瓶

2. 实验步骤

（1）$0.02\,mol\cdot L^{-1}$ $KMnO_4$ 溶液的配制

用台秤称取 3.3g $KMnO_4$ 溶于 1L 水中，盖上表面皿，加热煮沸 1h，煮时要及时补充水。静置一周后，用 P_{16} 号玻璃砂芯漏斗过滤，保存于棕色瓶中待标定。

（2）$0.02\,mol\cdot L^{-1}$ $KMnO_4$ 溶液的标定

用减量法准确称取 $0.15\sim0.20$g $Na_2C_2O_4$（称量前于 $105\sim110℃$ 烘 2h）三份，分别置于 250mL 烧杯中，各加入 20mL 蒸馏水溶解，加热近沸，加入 15mL $2\,mol\cdot L^{-1}$ H_2SO_4，此时溶液温度在 $70\sim85℃$ 之间，立即用上述 $KMnO_4$ 溶液滴定。开始时 $KMnO_4$ 溶液加入后褪色很慢，待前一滴溶液褪色后再加入第二滴。待溶液中有 Mn^{2+} 产生后，反应速率加快，滴定速度也可适当加快，但也决不可使 $KMnO_4$ 溶液连续流下。当接近计量点时，反应亦较慢，应减慢滴定速度，同时充分摇匀，以防超过终点。滴定时应始终保持溶液的温度不低于 60℃，最后滴加半滴 $KMnO_4$ 溶液，在摇匀后 30s 内仍不褪色即为终点，记下所消耗的 $KMnO_4$ 溶液体积，计算 $KMnO_4$ 溶液的准确浓度。

（3）样品的测定

用移液管吸取 1mL 的漂白液，置于 250mL 容量瓶中，加水稀释至标线，充分混合均匀。再吸取稀释液 25.00mL，置于 250mL 锥形瓶中，加水 20～30mL 和 H_2SO_4 20mL，用 $KMnO_4$ 标准溶液滴定至溶液呈粉红色经 30s 不褪色，即为终点。平行测定 3 次，根据 $KMnO_4$ 标准溶液用量，计算过氧化氢未经稀释的样品中 H_2O_2 的质量浓度（用 $mg \cdot L^{-1}$ 表示）。

3. 数据记录与处理

记录项目 ＼ 次数		1	2	3
0.02mol · L^{-1} KMnO$_4$ 溶液的标定	$m_{Na_2C_2O_4}$ /g			
	V_{KMnO_4} /mL			
	c_{KMnO_4} /mol · L^{-1}			
	平均值 c_{KMnO_4} /mol · L^{-1}			
	相对偏差/%			
	相对平均偏差/%			
H$_2$O$_2$ 含量的测定	稀释后 H$_2$O$_2$ 的体积/mL	25.00	25.00	25.00
	V_{KMnO_4} /mL			
	$\rho_{H_2O_2}$ /mg · L^{-1}			

注：计算公式

$$\rho_{H_2O_2} = \frac{\frac{5}{2}c_{KMnO_4}V_{KMnO_4}M_{H_2O_2}}{1 \times \frac{25}{250}} \times 1000 \quad (mg \cdot L^{-1})$$

【分析与思考】

（1）用 $Na_2C_2O_4$ 标定 $KMnO_4$ 溶液浓度时，溶液的温度过高或过低有什么影响？

（2）标定 $KMnO_4$ 溶液时，为什么第一滴 $KMnO_4$ 溶液加入后红色褪去很慢，以后褪色较快？

（3）用 $KMnO_4$ 法测定 H_2O_2 含量时，为什么不能用 HNO_3 或 HCl 来控制溶液的酸度？

4. 染整厂快速测定方法

在染整加工过程中，氧漂液中过氧化氢含量的测定通常采用快速滴定法。测定时吸取漂白液 5mL，加 50mL 水，再加 6N H_2SO_4 15mL，用 0.147N（即 0.0588mol · L^{-1}）$KMnO_4$ 标准溶液滴定溶液至微红色在半分钟内不消失即为终点。滴定所消耗的 $KMnO_4$ 标准溶液的毫升数即为每立升漂液中过氧化氢毫克数。

【分析与思考】 如何配制浓度恰好为 0.147N 的 $KMnO_4$ 标准溶液？

2. 重铬酸钾法

在酸性条件下，$K_2Cr_2O_7$ 是一种强氧化剂，其半反应为：

$$Cr_2O_7^{2-} + 14H^+ + 6e \longrightarrow Cr^{3+} + 7H_2O \qquad \varphi^{\ominus} = 1.33 \ V$$

虽然 $K_2Cr_2O_7$ 在酸性溶液中的氧化能力不如 $KMnO_4$ 强，应用范围不如 $KMnO_4$ 法广泛，但与 $KMnO_4$ 法相比却具有许多优点：① $K_2Cr_2O_7$ 法易于提纯，在 140～250℃ 干燥后，可以正确称量直接配制成标准溶液；②$K_2Cr_2O_7$ 溶液非常稳定，可长期保存在密封容器中，其浓度不变；③用 $K_2Cr_2O_7$ 法滴定时，可在盐溶液中进行，不受 Cl^- 还原作用的影响；④$K_2Cr_2O_7$ 滴定反应速率较快，通常在常温条件进行滴定。

应当指出，$K_2Cr_2O_7$ 和 Cr^{3+} 都是污染物，使用时应注意废液的处理，以免污染环境。

在一定条件下，用强氧化剂氧化废水试样（有机物）所消耗氧化剂的氧的质量，称为化学需氧量（COD），它是衡量水体被还原性物质污染的主要指标之一，目前已成为环境监测分析的重要项目。化学需氧量测定的方法是在酸性溶液中以硫酸银为催化剂，加入过量 $K_2Cr_2O_7$ 标准溶液，当加热煮沸时 $K_2Cr_2O_7$ 能完全氧化废水中有机物质和其他还原性物质。过量的 $K_2Cr_2O_7$ 以邻二氮杂菲-Fe（Ⅱ）为指示剂，用硫酸亚铁铵标准溶液回滴。从而计算出废水试样中还原性物质所消耗的 $K_2Cr_2O_7$ 量，即可换算出水试样的化学需氧量，O_2 的量以 $mg \cdot L^{-1}$ 表示。

【课外充电】　查阅相关资料和国家标准，了解化学需氧量COD的测定方法。

3. **碘量法**

碘量法是基于 I_2 氧化性及 I^- 的还原性进行滴定的分析法。其半反应为：

$$I_2 + 2e \Longrightarrow 2I^- \qquad \varphi^{\ominus}(I_2/I^-) = 0.545V$$

由电对的电极电势数值可知，I_2 是较弱的氧化剂，可与较强的还原剂作用，而 I^- 则是中等强度的还原剂，能与许多氧化剂作用，因此碘量法可用直接和间接的两种方式进行。

电极电势比 $\varphi^{\ominus}(I_2/I^-)$ 小的还原性物质，可以用 I_2 标准溶液直接滴定，这种方法称为直接碘量法。

例如：SO_2 用水吸收后，可用 I_2 标准溶液直接滴定，其反应方程式为：

$$I_2 + SO_2 + 2H_2O \longrightarrow 2I^- + SO_4^{2-} + 2H^+$$

利用直接碘量法可以测定 SO_2、S^{2-}、As_2O_3、$S_2O_3^{2-}$、维生素 C 等强还原剂。

直接碘量法的应用亦受到溶液中 H^+ 浓度的影响较大。在较强的碱性溶液中（pH＞8），部分会发生歧化反应：

$$3I_2 + 6OH^- \longrightarrow IO_3^- + 5I^- + 3H_2O$$

给滴定带来误差。在酸性溶液中，只有少数还原能力强、不受 H^+ 浓度的影响的物质才能发生定量反应。又由于碘的标准电极电势不高，所以直接碘量法的应用有限。

利用 I^- 与强氧化剂作用生成定量的 I_2，再用还原剂标准溶液与 I_2 反应，测定氧化剂的方法称为间接碘量法。

间接碘量法的基本反应如下：

$$2I^- - 2e \longrightarrow I_2$$

析出的 I_2 可以用 $Na_2S_2O_3$ 标准溶液滴定：

$$I_2 + 2S_2O_3^{2-} \longrightarrow 2I^- + S_4O_6^{2-}$$

间接碘量法可用于测定 Cu^{2+}、$KMnO_4$、$K_2Cr_2O_7$、K_2CrO_4、H_2O_2、IO_3^-、NO_3^- 等氧化性物质。

间接碘量法应用过程中必须注意以下几点。

(1) 控制溶液的酸度

I_2 与 $Na_2S_2O_3$ 之间的反应必须在弱酸性或中性溶液中进行，如果在碱性溶液中，$S_2O_3^{2-}$ 的还原能力增大，会发生如下副反应：

$$4I_2 + S_2O_3^{2-} + 10OH^- \longrightarrow 8I^- + 2SO_4^{2-} + 5H_2O$$

在碱性溶液中 I_2 还会发生歧化反应，生成 IO^- 及 IO_3^-。在强酸性溶液中，$S_2O_3^{2-}$ 会发生分解：

$$2S_2O_3^{2-} + 2H^+ \longrightarrow SO_2 \uparrow + S \downarrow + H_2O$$

(2) 防止 I_2 的挥发和 I^- 被空气中的 O_2 氧化

加入过量的 KI，使 I_2 生成 I_3^- 配离子，增大碘的溶剂度，降低 I_2 的挥发性。滴定一般在室温下进行，操作要迅速，不宜过分振荡溶液，以减少 I^- 与空气的接触。

滴定前先调节好酸度，氧化析出的 I_2 立即进行滴定。I^- 在酸性溶液中容易被空气中的 O_2 所氧化：

$$2I^- + O_2 + 4H^+ \longrightarrow I_2 + 2H_2O$$

因此，酸度不宜太高，同时要避免阳光直接照射，滴定时最好使用磨口玻璃塞的碘量瓶。

(3) 注意淀粉指示剂的使用

应用间接碘量法时，一般要在滴定接近终点前才加淀粉指示剂。若加入太早，则大量的碘与淀粉结合生成蓝色的物质，这一部分碘就不容易与 $Na_2S_2O_3$ 溶液反应，将给滴定带来误差。

淀粉溶液应新鲜配制，若放置过久，则与碘形成的配合物不呈蓝色而呈紫色或红色，在用 $Na_2S_2O_3$ 溶液滴定时该配合物褪色慢，终点变色不敏锐。

四、碘量法的应用

1. 保险粉（$Na_2S_2O_4$）含量的测定

保险粉即连二亚硫酸钠，在工业上作为还原剂使用。保险粉性质不稳定，极易分解，难以测定，故一般先加入甲醛，使其与保险粉作用，生成次亚硫酸氢钠甲醛加成物，即雕白粉：

$$Na_2S_2O_4 + 2HCHO + H_2O \longrightarrow NaHSO_3 \cdot HCHO + NaHSO_2 \cdot HCHO$$
$$\text{雕白粉}$$

亚硫酸氢钠甲醛加成物 $NaHSO_3 \cdot HCHO$ 对 I_2 没有作用，而雕白粉 $NaHSO_2 \cdot HCHO$ 性质比较稳定，且可以用碘标准溶液滴定：

$$NaHSO_2 \cdot HCHO + I_2 + H_2O \longrightarrow NaHSO_3 + 2HI + HCHO$$

2. 次氯酸钠中有效氯含量的测定

NaClO 是弱酸强碱盐，在印染工业上作为漂白剂使用。有效氯是指次氯酸钠加酸后所放出氯的量。氯气具有一定的氧化性，可定量的将 I^- 氧化生成 I_2。

$$ClO^- + 2I^- + 2H^+ \longrightarrow Cl^- + I_2 + H_2O$$

析出的碘以 $Na_2S_2O_3$ 标准溶液滴定。

$$2S_2O_3^{2-} + I_2 \longrightarrow 2I^- + S_4O_6^{2-}$$

过氧化物、臭氧、漂白粉中的有效氯等氧化性物质都可以用碘量法测定。

在染整加工过程中，氯漂液中次氯酸钠含量的测定通常采用快速滴定法。吸取漂液 10mL，加入 10% 的 KI 溶液 10mL，在加 6N H_2SO_4 5mL 及淀粉 4~5 滴，以 0.0282 N $Na_2S_2O_3$ 标准溶液滴定到无色为止。所消耗用 0.0282 N $Na_2S_2O_3$ 标准溶液毫升数除以 10 即为每立升漂液中有效氯毫克数。

◎【实践操作】

保险粉含量的测定

1. 试剂和仪器

试剂：固体 $Na_2S_2O_3 \cdot 5H_2O$，Na_2CO_3，KI，$K_2Cr_2O_7$ 基准试剂，10% KI 溶液，0.5% 淀粉溶液，HAC 溶液（$6mol \cdot L^{-1}$），HCl 溶液（$3mol \cdot L^{-1}$）。

仪器：滴定管，锥形瓶，容量瓶（250mL），移液管。

2. 实验步骤

（1）$0.05mol \cdot L^{-1} Na_2S_2O_3$ 标准溶液的配制与标定

配制：将 12.5g $Na_2S_2O_3 \cdot 5H_2O$ 溶解在 1L 新煮沸冷却后的水中，加入 0.1g Na_2CO_3，储于棕色瓶中并摇匀，保存于暗处一周后标定使用。

标定：标定 $Na_2S_2O_3$ 溶液的基准物有 $KBrO_3$、KIO_3、$K_2Cr_2O_7$、$KMnO_4$ 等。而以 $K_2Cr_2O_7$ 最为方便，结果也相当准确，因此本实验用它来标定 $Na_2S_2O_3$ 溶液。$K_2Cr_2O_7$ 先与 KI 反应析出 I_2：

$$Cr_2O_7^{2-} + 6I^- + 14H^+ \longrightarrow 2Cr^{3+} + 3I_2 + 7H_2O$$

析出的 I_2 再用标准 $Na_2S_2O_3$ 溶液滴定：

$$I_2 + 2S_2O_3^{2-} \longrightarrow S_4O_6^{2-} + 2I^-$$

将 $K_2Cr_2O_7$ 在 150~180℃烘干 2h，放入干燥器中冷却至室温。准确称取 0.6~0.65g 于 250mL 烧杯中，加蒸馏水溶解后定量转入 250mL 容量瓶中，用水稀释至刻度充分摇匀。

用 25mL 移液管吸取该重铬酸钾标准溶液三份，分别置于 250mL 锥形瓶中，各加入 5mL $3mol \cdot L^{-1}$ HCl 溶液、1g KI 固体，摇匀后盖上表面皿以防止 I_2 因挥发而损失。在暗处放置约 5min，待反应完全，用 50mL 水稀释。用硫代硫酸钠溶液滴定至溶液由棕色到绿黄色，加入 2mL 0.5% 淀粉指示剂，继续滴定至溶液由蓝色至亮绿色即为终点。根据消耗的硫代硫酸钠溶液的毫升数计算其浓度。

（2）$0.05mol \cdot L^{-1} I_2$ 标准溶液的配制与标定

配制：称取 3.2g I_2 于小烧杯中，加 6g KI，先用约 30mL 水溶解，待 I_2 完全溶解后，稀释至 250mL，摇匀。储于棕色瓶中，放置暗处。

标定：移取 25.00mL I_2 溶液于 250mL 锥形瓶中，加 100mL 水稀释，用已标定好的 $Na_2S_2O_3$ 标准溶液滴定至草黄色，加入 2mL 淀粉溶液，继续滴定至蓝色刚好消失，即为终点。计算出 I_2 溶液的准确浓度。

（3）保险粉含量的分析

准确称取 1g 试样（准至 0.0001g），用 5mL 水和 10mL 甲醛（用酚酞试之显碱性）溶解，待试样充分溶解后转移于 250mL 的容量瓶中，定容。

吸取上述溶液 25mL 于锥形瓶中，加 $6mol \cdot L^{-1}$ HAC 溶液 5mL，加入 2mL 淀粉溶液，用 $0.05mol \cdot L^{-1} I_2$ 标准溶液滴定呈现蓝色即为终点。

3. 数据处理

记录项目	次数	1	2	3
0.05mol·L^{-1} $Na_2S_2O_3$ 溶液的标定	$m_{K_2Cr_2O_7}$/g			
	$V_{Na_2S_2O_3}$/mL			
	$c_{Na_2S_2O_3}$/mol·L^{-1}			
	平均值 $c_{Na_2S_2O_3}$/mol·L^{-1}			
	相对偏差/%			
	相对平均偏差/%			
0.05mol·L^{-1} I_2 溶液的标定	I_2 溶液/mL	25.00	25.00	25.00
	$V_{Na_2S_2O_3}$/mL			
	c_{I_2}/mol·L^{-1}			
	平均值 c_{I_2}/mol·L^{-1}			
	相对偏差/%			
	相对平均偏差/%			
保险粉含量的测定	$m_{试样}$/g			
	试样吸收后体积/mL	25.00	25.00	25.00
	V_{I_2}/mL			
	$w_{Na_2S_2O_4}$/%			
	平均值 $w_{Na_2S_2O_4}$/%			
	相对偏差/%			
	相对平均偏差/%			

用 $K_2Cr_2O_7$ 基准物质标定 $Na_2S_2O_3$ 标准溶液时应注意以下几点：

① $K_2Cr_2O_7$ 与 KI 反应时，溶液的酸度一般以 $0.2 \sim 0.4mol \cdot L^{-1}$ 为宜。如果酸度太大时，I^- 容易被空气中的 O_2 所氧化，酸度过低，则 $Cr_2O_7^{2-}$ 与 I^- 反应较慢。

② $K_2Cr_2O_7$ 与 KI 反应速率较慢，应将溶液放置在暗处 $3 \sim 5min$，待反应完全后再以 $Na_2S_2O_3$ 标准溶液滴定。

③ 在以淀粉作指示剂时，应先以 $Na_2S_2O_3$ 溶液滴定至大部分 I_2 已作用，溶液呈浅黄色，再加入淀粉指示剂，用 $Na_2S_2O_3$ 溶液继续滴定至蓝色恰好消失，即为终点。淀粉指示剂若加入太早，则大量的 I_2 与淀粉结合成蓝色物质，这一部分 I_2 就不容易与 $Na_2S_2O_3$ 反应，因而使滴定发生误差。滴定终点后，如经过五分钟以上溶液变蓝，这是由于空气中的 O_2 氧化 I^- 生成 I_2 引起的。如溶液迅速变蓝，说明反应不完全，遇到这种情况应重新标定。

【思考与练习】

(1) 如何配制浓度恰好为 0.0282N 的 $Na_2S_2O_3$ 标准溶液？

(2) 准确量取次氯酸钠试样 10mL，并稀释至 250mL，吸取稀释液 25.00mL，放入锥形瓶中，再加入一定量的 10% 的 KI 和 HAc 溶液，用 $0.1105mol \cdot L^{-1} Na_2S_2O_3$ 标准溶液滴定，滴定终点时共消耗 $Na_2S_2O_3$ 标准溶液 22.35mL，计算试样中次氯酸钠的质量浓度。

【课外充电】　查阅相关国家标准，编写次氯酸钠中有效氯含量的测定的实验步骤。

【练习与测试】

一、判断题

1. 已知反应 $2Fe^{2+} + I_2 \longrightarrow 2Fe^{3+} + 2I^-$，$Fe^{3+}/Fe^{2+}$ 为负极，I_2/I^- 为正极。（　　）

2. 电极的 $E^{\ominus}$ 值越大，表明其氧化态越容易得到电子，是越强的氧化剂。（　　）

3. 标准氢电极的电极电势为零，是实际测定的结果。（　　）

4. 氢氧化钠长期放置，表面会转变为碳酸钠，这是因为发生氧化还原反应的结果。（　　）

5. 原电池工作一段时间后，其两极电动势将发生变化。（　　）

6. 同一元素在不同化合物中，氧化数越高，其得电子能力越强；氧化数越低，其失电子能力越强。（　　）

7. 配制好的 $KMnO_4$ 溶液要盛放在棕色瓶中保存，如果没有棕色瓶应放在避光处保存。（　　）

8. 用草酸钠标定高锰酸钾，需加热到 70～80℃，在 HCl 介质中进行。（　　）

9. 由于重铬酸钾容易提纯，干燥后可作为基准物质直接配制标准溶液，不必标定。（　　）

10. 间接碘量法加入 KI 一定要过量，淀粉指示剂要在接近终点时加入。（　　）

二、选择题

1. 用 KIO_3 标定 $Na_2S_2O_3$ 所涉及的反应是 $IO_3^- + 5I^- + 6H^+ \longrightarrow 3I_2 + 3H_2O$；$I_2 + 2S_2O_3^{2-} \longrightarrow 2I^- + S_4O_6^{2-}$ 在此标定中 $n(KIO_3) : n(S_2O_3^{2-})$ 为（　　）。
   A. 1：1　　　　　　B. 1：2　　　　　　C. 1：5　　　　　　D. 1：6

2. 移取 $KHC_2O_4 \cdot H_2C_2O_4$ 溶液 25.00mL，以 $0.1500mol \cdot L^{-1}$ NaOH 溶液滴定至终点时消耗 25.00mL。今移取上述 $KHC_2O_4 \cdot H_2C_2O_4$ 溶液 20.00mL，酸化后用 $0.0400mol \cdot L^{-1} KMnO_4$ 溶液滴定至终点时消耗溶液体积（mL）是（　　）。
   A. 20.00　　　　　　B. 25.00　　　　　　C. 31.25　　　　　　D. 40.00

3. 为标定 $Na_2S_2O_3$ 溶液的浓度宜选择的基准物是（　　）。
   A. 分析纯的 H_2O_2　　　　　　　　　　B. 分析纯的 $KMnO_4$
   C. 化学纯的 $K_2Cr_2O_7$　　　　　　　　D. 分析纯的 $K_2Cr_2O_7$

4. 为标定 $KMnO_4$ 溶液的浓度宜选择的基准物是（　　）。

A. $Na_2S_2O_3$　　　　B. Na_2SO_3　　　　C. $FeSO_4 \cdot 7H_2O$　　　　D. $Na_2C_2O_4$

5. 以 $Na_2C_2O_4$ 标定 $KMnO_4$ 时，滴定速度应先慢后快，这是由于存在 Mn^{2+} 的（　　）作用。

A. 诱导　　　　　　B. 受诱　　　　　　C. 催化　　　　　　D. 自动催化

6. 淀粉是一种（　　）指示剂。

A. 自身　　　　　　B. 氧化还原　　　　C. 专属　　　　　　D. 金属

7. 间接碘量法中，滴定终点的颜色变化是（　　）。

A. 蓝色恰好消失　　B. 出现蓝色　　　　C. 出现浅黄色　　　D. 黄色恰好消失

三、问答题

1. 应用于氧化还原滴定的反应，应具备什么主要条件？

2. 影响氧化还原反应速率的主要因素有哪些？可采取哪些措施加速反应的完成？

3. 氧化还原滴定中，可用哪些方法检测终点？

4. 常用氧化还原滴定法有哪几类？这些方法的基本反应是什么？

5. 试比较酸碱滴定、配位滴定和氧化还原滴定的滴定曲线，说明它们共性和特性。

6. 氧化还原滴定中的指示剂分为几类？各自如何指示滴定终点？

7. 碘量法的主要误差来源有哪些？为什么碘量法不适宜在高酸度或高碱度介质中进行？

四、计算题

1. 取一定量的 MnO_2 固体，加入过量浓 HCl，将反应生成的 Cl_2 通入 KI 溶液，游离出 I_2，用 $0.1000mol \cdot L^{-1} Na_2S_2O_3$ 滴定，耗去 20.00mL，求 MnO_2 质量。

2. 称取 $KMnO_4$ 和 $K_2Cr_2O_7$ 混合物 0.2400g，当酸化并加入 KI 后，析出 I_2 相当于 60.00mL $0.1000mol \cdot L^{-1} Na_2S_2O_3$，求混合物中 $KMnO_4$ 和 $K_2Cr_2O_7$ 的质量分数。

3. 称取铁矿石试样 0.2000g，用 $0.008400mol \cdot L^{-1} K_2Cr_2O_7$ 标准溶液滴定，到达终点时消耗 $K_2Cr_2O_7$ 溶液 26.78mL，计算 Fe_2O_3 的质量分数。

（已知：$6Fe^{2+} + Cr_2O_7^{2-} + 14H^+ \longrightarrow 6Fe^{3+} + 2Cr^{3+} + 7H_2O$）

4. 在酸性介质中，1.00mL $KMnO_4$ 溶液恰好与 0.3038g $FeSO_4$ 反应，而 1.00mL $KHC_2O_4 \cdot H_2C_2O_4$ 溶液又正好与 0.20mL 上述 $KMnO_4$ 溶液反应完全。问需多少毫升 $0.200mol \cdot L^{-1}$ NaOH 溶液才能中和 1.00mL 该 $KHC_2O_4 \cdot H_2C_2O_4$ 溶液？$M_{FeSO_4} = 151.90$

5. 称 0.4800g 基准 $K_2Cr_2O_7$，溶解后，稀释至 1000mL。吸取上述溶液 25mL，加入 KI，析出 I_2；析出的 I_2 用 $Na_2S_2O_3$ 溶液滴定，用去 25.00mL。求 $Na_2S_2O_3$ 溶液的浓度。

6. 确称取铁矿石试样 0.5000g，用酸溶解后加入 $SnCl_2$，使 Fe^{3+} 还原为 Fe^{2+}，然后用 24.50mL $KMnO_4$ 标准溶液滴定。已知 1mL $KMnO_4$ 相当于 0.01260g $H_2C_2O_4 \cdot 2H_2O$。试问：(1) 矿样中 Fe 及 Fe_2O_3 的质量分数各为多少？(2) 取市售双氧水 3.00mL 稀释定容至 250.0mL，从中取出 20.00mL 试液，需用上述溶液 $KMnO_4$ 21.18mL 滴定至终点。计算每 100.0mL 市售双氧水所含 H_2O_2 的质量。

项目五　染整用水硬度的测定

【知识与技能要求】

1. 能说出简单配位化合物的名称，知道 EDTA 的结构和性能特点；
2. 能配制一定浓度的 EDTA 标准溶液；
3. 熟悉配位滴定的酸效应曲线和滴定金属离子的最小 pH 值，熟悉金属指示剂的作用原理和使用时可能出现的问题并能解决；
4. 掌握提高配位滴定选择性的方法，熟悉配位滴定的滴定方式及其具体应用；
5. 能配制常用的缓冲溶液；
6. 知道水的硬度对染整加工的影响，并能熟练测定染整用水的硬度；

任务一　知识准备

一、配合物的组成和命名

1. 配合物的定义

通过实验知道，在浅蓝色的硫酸铜溶液中慢慢加入氨水，开始有浅蓝色碱式硫酸铜沉淀生成。当氨水过量较多时，沉淀消失，得到一种深蓝色的溶液。如果向此深蓝色溶液中加入氢氧化钠，没有氢氧化铜沉淀生成，但若加入氯化钡溶液，则立即有白色硫酸钡沉淀生成。分析结果表明，该深蓝色溶液中有大量 SO_4^{2-}，只有很少的 Cu^{2+} 自由离子。结构理论认为，Cu^{2+} 外层有空轨道，NH_3 分子中的 N 原子上有未成键的孤电子对，由 N 原子提供电子对与 Cu^{2+} 共用，形成了比较稳定的配位键，生成了配合物。因此，上述配合物的化学式可写成 $[Cu(NH_3)_4]SO_4$。

通常把由简单阳离子或中性原子和一定数目的中性分子或阴离子以配位键结合形成的、具有一定特征的复杂离子（或分子）叫作配离子（或配位分子）。由配离子（或配位分子）组成的复杂化合物叫作配位化合物，简称配合物。习惯上，配离子也称配合物。

2. 配合物的组成

配合物可分为两个组成部分，即内界和外界。在配合物内，提供电子对的分子或离子称为配位体；接受电子对的离子或原子称为配位中心离子（或原子），简称中心离子（或原子）。中心离子与配位体结合组成配合物的内界，这是配合物的特征部分，通常用方括号括起来。配合物中的其他离子，构成配合物的外界，写在方括号外面。现以 $[Cu(NH_3)_4]SO_4$ 和 $K_3[Fe(CN)_6]$ 为例说明配合物的组成，如图 5-1 所示。

（1）中心离子（或原子）

中心原子（或离子）是配合物的形成体，位于配合物的中心位置，一般为带正电荷的

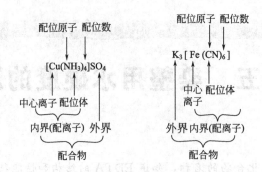

图 5-1　配合物的组成示意图

金属离子或中性原子，还有极少数的阴离子以及高氧化数的非金属元素。其结构特点是最外电子层上有能接受电子对的空原子轨道。如 Fe^{2+}、Fe^{3+}、Cu^{2+}、Co^{2+}、Ni^{2+}、Zn^{2+} 等金属离子，$[Fe(CO)_5]$、$[Ni(CO)_4]$ 中的 Fe、Ni、原子以及 $[SiF_6]^{2-}$ 中的 Si(Ⅳ)、$[PF_6]^-$ 中的 P(V) 等。

（2）配位体和配位原子

配合物中与中心离子以配位键结合的负离子、原子或分子称为配位体，简称配体。配体位于中心离子周围，它可以是中性分子，如 NH_3、H_2O 等；也可以是阴离子，如 Cl^-、CN^-、OH^- 等。配体中直接与中心原子（或离子）配位的原子称为配位原子。如 NH_3 中 N、H_2O 和 OH^- 中的 O 以及 CO、CN 中的 C 原子等。其结构特点是外围电子层中有能提供给中心原子（或离子）的孤电子对，因此配位原子主要是电负性较大的非金属元素，如 N、O、S、C 和卤素原子等。

根据配位体所含配位原子的数目，可分为单齿配位体和多齿配位体。单齿配体只含有一个配位原子且中心离子只形成一个配位键，其组成比较简单，如 CN^-、F^-、Br^-、NH_3、NO_2 和 H_2O 等。多齿配体含有两个或两个以上的配位原子，它们与中心离子可以形成多个配位键，其组成较复杂，多数是有机分子，如乙二胺（en）、草酸根（$C_2O_4^{2-}$）均为双齿配位体，乙二胺四乙酸（EDTA）为六齿配体。

（3）配位数

直接和中心离子（或原子）配位的原子数目称为该中心离子（或原子）的配位数。如果是单齿配位体，则配位体的数目就是该中心离子（或原子）的配位数，即配位体的数目和配位数相等。对多齿配位体，配位数等于同中心原子（或离子）配位的原子数目，如在 $[Cu(en)_2]^{2+}$ 配离子中，en 是双齿配位体，所以 Cu^{2+} 的配位数是 4 而不是 2。一般中心离子的配位数为偶数，而最常见的配位数为 2、4、6，如 $[Ag(NH_3)_2]^+$、$[Cu(NH_3)_4]^{2+}$、$[Co(NH_3)_6]^{3+}$。中心离子的实际配位数的多少与中心离子、配体的半径和电荷有关，也和配体的浓度、形成配合物的温度等因素有关。但对某一个具体中心离子来说，常有一特征配位数。

（4）配离子的电荷

配离子的电荷数等于组成该配离子的中心原子（或离子）电荷数与各配体电荷数的代数和。由于配合物作为整体是电中性的，因此，外界离子的电荷总数和配离子的电荷数相等，而符号相反，因此由外界离子的电荷也可以推断出配离子的电荷。例如配合物

$K_3[Fe(CN)_6]$中，外界有 3 个 K^+，因此 $[Fe(CN)_6]^{3-}$ 配离子的电荷数是 -3，因而可推知中心原子（或离子）是 Fe^{3+} 而不是 Fe^{2+}。若配体全部是中性分子（如 NH_3、H_2O、CO），则配离子的电荷数就等于中心原子（或离子）电荷数，例如在 $[Cu(NH_3)_4]^{2+}$ 中，由于配位体 NH_3 是中性分子，所以配离子的电荷就等于中心离子的电荷数，即为 $+2$。

3. 配合物的命名

配合物的命名遵循一般无机化合物的命名规则，由于配合物种类繁多，有些配合物的组成相对比较复杂，因此配合物的命名也较复杂。这里仅简单介绍配合物命名的基本原则。

（1）配离子为阳离子的配合物

命名次序为：外界阴离子→配位体→中心离子。外界阴离子和配位体之间用"化"字连接，在配位体和中心离子之间加一"合"字，配体的数目用一、二、三、四等数字表示，中心离子的氧化数用罗马数字写在中心离子名称的后面，并加括号。例如：

$[Ag(NH_3)_2]Cl$	氯化二氨合银（Ⅰ）
$[Cu(NH_3)_4]SO_4$	硫酸四氨合铜（Ⅱ）
$[Co(NH_3)_6](NO_3)_3$	硝酸六氨合钴（Ⅲ）

（2）配离子为阴离子的配合物

命名次序为：配位体→中心离子→外界阳离子。在中心离子和外界阳离子名称之间加一"酸"字。例如：

$K_2[PtCl_6]$	六氯合铂（Ⅳ）酸钾
$K_4[Fe(CN)_6]$	六氰合铁（Ⅱ）酸钾
$H_2[SiF_6]$	六氟合硅（Ⅳ）酸

【练一练】 指出配合物 $Na_2[Zn(OH)_4]$ 的中心离子、配体、配位数、配离子电荷数和配合物名称。

4. 螯合物

螯合物是多齿配体通过两个或两个以上的配位原子与同一中心离子形成的具有环状结构的配合物。螯合物一般具有特殊的颜色，难溶于水，易溶于有机溶剂。可将配位体比做螃蟹的螯钳，牢牢地钳住中心离子，所以形象地称为螯合物。能与中心离子形成螯合物的配位体称为螯合剂。螯合剂必须有如下特点：一是含有两个或两个以上配位原子，并且这些配位原子能同时与一个中心原子（或离子）成键；二是配位原子之间一般间隔两个或三个其他原子，这样与中心原子（或离子）成键时能形成稳定的五原子环或六原子环。

最常见的螯合剂是氨羧配位剂，其中配位原子是氨基上的氮和羧基上的氧。如乙二胺四乙酸和它的二钠盐，是最典型的螯合剂，可简写为 EDTA。EDTA 是一个六齿配体，两个 N 原子和四个 O 原子同时配位，因此它可与绝大多数金属离子形成组成比为 $1:1$ 的螯合物。

例如 Co^{3+} 与乙二胺（en）、Ca^{2+} 与 EDTA（Y）分别形成螯合物离子 $[Co(en)_3]^{3+}$、

$[CaY]^{2-}$，它们的结构如图 5-2 所示。

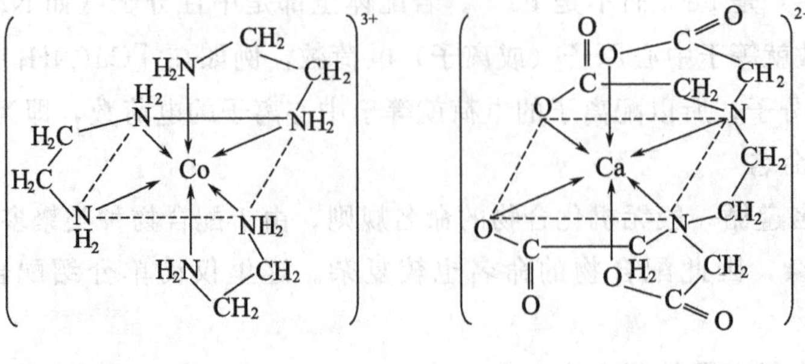

图 5-2 $[Co(en)_3]^{3+}$ 和 $[CaY]^{2-}$ 螯合物的结构示意图

二、EDTA 与金属离子的配合物

1. 配位平衡与配合物的稳定常数

各种配离子在溶液中具有不同的稳定性，它们在溶液中能发生不同程度的解离。如 $[Cu(NH_3)_4]^{2+}$ 配离子在水溶液中，可在一定程度上解离为 Cu^{2+} 和 NH_3，同时 Cu^{2+} 和 NH_3 又会配合生成 $[Cu(NH_3)_4]^{2+}$。在一定温度下，体系会达到动态平衡：

$$Cu^{2+} + 4NH_3 \rightleftharpoons Cu(NH_3)_4^{2+}$$

这种平衡称为配位平衡，其平衡常数可简写为：

$$K_f^{\ominus} = \frac{[Cu(NH_3)_4^{2+}]}{[Cu^{2+}][NH_3]^4}$$

$K_f^{\ominus}$ 称为配离子的稳定常数，其大小反映了配位反应完成的程度。$K_f^{\ominus}$ 值越大，说明配位反应进行得越完全，配离子解离的程度越小，即配离子越稳定。

一些配合物的稳定常数 $K_f^{\ominus}$ 列于附录 V 中。不同的配离子具有不同的稳定常数，对于同类型的配离子，可利用 $K_f^{\ominus}$ 值直接比较它们的稳定性。例如，$[Ag(NH_3)_2]^+$ 和 $[Ag(CN)_2]^-$ 的 $K_f^{\ominus}$ 值分别为 1.1×10^7 和 1.3×10^{21}，说明 $[Ag(CN)_2]^-$ 比 $[Ag(NH_3)_2]^+$ 稳定得多。但不同类型的配离子则不能仅用 $K_f^{\ominus}$ 值进行比较。

2. EDTA 与金属离子的配位反应

(1) EDTA 的解离平衡

在与金属离子配位的各种配位剂中，氨羧配位剂是一类十分重要的化合物。它可与金属离子形成很稳定的而且组成一定的螯合物，目前配位滴定中最重要的和应用最广的是乙二胺四乙酸及其二钠盐。如前所述，EDTA 是一个配位能力非常强的六齿螯合剂，但由于 EDTA 在水中的溶解度很小（室温下，每 100mL 水中只能溶解 0.02g），故实际上常用其二钠盐（$Na_2H_2Y \cdot 2H_2O$），也简称 EDTA。后者溶解度较大（室温下，每 100mL 水中能溶解 11.2g），饱和水溶液的浓度可达 $0.3mol \cdot L^{-1}$。

乙二胺四乙酸为四元弱酸，常用 H_4Y 表示，其二钠盐用 Na_2H_2Y 表示。EDTA 还可接受 1 个或 2 个 H^+，成为 H_5Y^+ 或 H_6Y^{2+}，因此 EDTA 相当于一个六元酸。在水溶液中，EDTA 存在六级解离平衡：

$$H_6Y^{2+} \Longrightarrow H^+ + H_5Y^+ \qquad K_{a1}^{\ominus} = \frac{[H^+][H_5Y^+]}{[H_6Y^{2+}]} = 10^{-0.9}$$

$$H_5Y^+ \Longrightarrow H^+ + H_4Y \qquad K_{a2}^{\ominus} = \frac{[H^+][H_4Y]}{[H_5Y^+]} = 10^{-1.6}$$

$$H_4Y \Longrightarrow H^+ + H_3Y^- \qquad K_{a3}^{\ominus} = \frac{[H^+][H_3Y^-]}{[H_4Y]} = 10^{-2.0}$$

$$H_3Y^- \Longrightarrow H^+ + H_2Y^{2-} \qquad K_{a4}^{\ominus} = \frac{[H^+][H_2Y^{2-}]}{[H_3Y^-]} = 10^{-2.67}$$

$$H_2Y^{2-} \Longrightarrow H^+ + HY^{3-} \qquad K_{a5}^{\ominus} = \frac{[H^+][HY^{3-}]}{[H_2Y^{2-}]} = 10^{-6.16}$$

$$HY^{3-} \Longrightarrow H^+ + Y^{4-} \qquad K_{a6}^{\ominus} = \frac{[H^+][Y^{4-}]}{[HY^{3-}]} = 10^{-10.26}$$

由于分步解离，EDTA 在水溶液中总是以 H_6Y^{2+}、H_5Y^+、H_4Y、H_3Y^-、H_2Y^{2-}、HY^{3-}、Y^{4-} 等七种形式存在。在不同 pH 时各种存在形式的分配情况如图 5-3 所示。

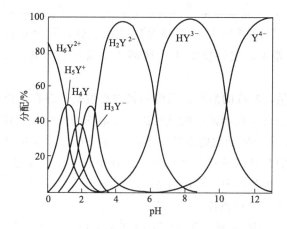

图 5-3 EDTA 各种形式在不同 pH 时的分布

从图 5-3 可以看出，在不同 pH 下各种存在形式的浓度是不相同的。pH 越小，$[Y^{4-}]$ 越小；pH 越大，$[Y^{4-}]$ 越大。只有在 pH 很大（≥12）时才几乎完全以 Y^{4-} 形式存在，而只有 Y^{4-} 是 EDTA 与金属离子结合形成配合物的有效形式。

（2）EDTA 与金属离子的反应

EDTA 是一个六齿配位剂，配位能力很强，它能通过两个 N 原子、四个 O 原子共六个配位原子与金属离子结合，形成很稳定的具有五个五原子环的螯合物，甚至能和很难形成配合物的、半径大的碱土金属离子（如 Ca^{2+}）形成稳定的螯合物（如图 5-2 所示）。一般情况下，EDTA 与一至四价金属离子都能形成 1:1 的易溶于水的螯合物：

$$M^{n+} + Y^{4-} \Longrightarrow MY^{4-n}$$

这样就不存在分步配位现象，而且由于配位比很简单，因而用作配位滴定反应时，其分析结果的计算就十分方便。同时，EDTA 与金属离子形成的螯合物都比较稳定，所以配位反应比较完全。

由于金属离子与 EDTA 形成 1:1 的螯合物，为讨论方便，可略去式中的电荷，将

Y^{4-} 简写成 Y，反应方程式和平衡常数表达式一般简写为：

$$M+Y \rightleftharpoons MY \qquad K_{MY}^{\ominus}=\frac{[MY]}{[M][Y]}$$

螯合物的稳定性，主要决定于金属离子和配体的性质。在一定条件下，每一种螯合物都有其特有的稳定常数。一些常见金属离子与 EDTA 的螯合物的绝对稳定常数参见表 5-1。

表 5-1　EDTA 与各种常见金属离子的螯合物的绝对稳定常数

（溶液离子强度　$I=0.1$，温度 20℃）

阳离子	$\lg K_{MY}^{\ominus}$	阳离子	$\lg K_{MY}^{\ominus}$	阳离子	$\lg K_{MY}^{\ominus}$	阳离子	$\lg K_{MY}^{\ominus}$
Na^+	1.66	Ca^{2+}	10.69	Zn^{2+}	16.50	Th^{4+}	23.2
Li^+	2.79	Mn^{2+}	14.01	Pb^{2+}	18.04	Cr^{3+}	23.4
Ag^+	7.32	Fe^{2+}	14.33	Ni^{2+}	18.67	Fe^{3+}	25.1
Ba^+	7.76	Ce^{3+}	15.98	Cu^{2+}	18.80	V^{3+}	25.90
Sr^{2+}	8.63	Co^{2+}	16.3	Hg^{2+}	21.8	Bi^{3+}	27.94
Mg^{2+}	8.69	Al^{3+}	16.1	Y^{3+}	23	Co^{3+}	36.0

由表 5-1 可见，金属离子与 EDTA 螯合物的稳定性，随金属离子的不同差别较大。这些螯合物稳定性的差别，主要决定于金属离子本身的离子电荷、离子半径和电子层结构。

需要特别说明的是，溶液的酸度、温度和其他配位剂的存在等外界条件的改变也能影响螯合物的稳定性。EDTA 在溶液中的状况决定于溶液的酸度，因此在不同酸度下，ED-TA 与同一金属离子形成的螯合物的稳定性不同。另一方面，溶液中其他螯合剂的存在和溶液的不同酸度也影响金属离子存在的情况，因此也影响金属离子与 EDTA 形成的整合物的稳定性。在这些外界条件中，酸度对 EDTA 的影响最为重要。

3. EDTA 的副反应系数和条件稳定常数

在 EDTA 滴定中，被测金属离子 M 与 EDTA 配位生成配合物 MY，这时主反应物 M、Y 及反应产物 MY 也可能与溶液中其他组分发生副反应，从而使 MY 配合物的稳定性受到影响，其平衡关系如下：

这些副反应的发生都将影响主反应进行的程度。反应物（M、Y）发生副反应不利于主反应的进行，而反应产物（MY）发生副反应则有利于主反应。为了定量地表示副反应进行的程度，引入副反应系数（α），下面主要对影响最大的酸效应加以讨论。

（1）酸效应与酸效应系数 $\alpha_{Y(H)}$

由于氢离子与 Y 之间发生副反应，使 EDTA 参加主反应的能力下降，这种现象称为酸效应。酸效应的大小用酸效应系数 $\alpha_{Y(H)}$ 来衡量。它表示 EDTA 的各种存在形式的总浓

度 $[Y]_{总}$ 与能参加配位反应 Y^{4-} 的平衡浓度 $[Y^{4-}]$ 之比：

$$\alpha_{Y(H)} = \frac{[Y]_{总}}{[Y^{4-}]}$$

$$= \frac{[Y^{4-}] + [HY^{3-}] + [H_2Y^{2-}] + [H_3Y^-] + [H_4Y] + [H_5Y^+] + [H_6Y^{2+}]}{[Y^{4-}]}$$

$$= 1 + \frac{[H^+]}{K_6^\ominus} + \frac{[H^+]^2}{K_6^\ominus K_5^\ominus} + \frac{[H^+]^3}{K_6^\ominus K_5^\ominus K_4^\ominus} + \frac{[H^+]^4}{K_6^\ominus K_5^\ominus K_4^\ominus K_3^\ominus} +$$

$$\frac{[H^+]^5}{K_6^\ominus K_5^\ominus K_4^\ominus K_3^\ominus K_2^\ominus} + \frac{[H^+]^6}{K_6^\ominus K_5^\ominus K_4^\ominus K_3^\ominus K_2^\ominus K_1^\ominus}$$

显然，$\alpha_{Y(H)}$ 值与溶液 pH 值有关，它随溶液 pH 增大而减小，$\alpha_{Y(H)}$ 越大，表示 Y^{4-} 参加配位反应的浓度越小，酸效应越严重。只有当 $\alpha_{Y(H)} = 1$，说明 Y 没有发生副反应。在多数情况下，$[Y]_{总}$ 总是大于 $[Y^{4-}]$。只有在 pH$\geqslant$12 时，酸效应系数才等于 1，总浓度 $[Y]_{总}$ 才几乎等于有效浓度 $[Y^{4-}]$。在不同 pH 时的酸效应系数的对数值 $[\lg\alpha_{Y(H)}]$ 列于表 5-2。

表 5-2　不同 pH 时的 $\lg\alpha_{Y(H)}$

pH	$\lg\alpha_{Y(H)}$	pH	$\lg\alpha_{Y(H)}$	pH	$\lg\alpha_{Y(H)}$	pH	$\lg\alpha_{Y(H)}$	pH	$\lg\alpha_{Y(H)}$
0.0	23.64	2.0	13.51	4.0	8.44	6.0	4.65	8.5	1.77
0.4	21.32	2.4	12.19	4.4	7.64	6.4	4.06	9.0	1.29
0.8	19.08	2.8	11.09	4.8	6.84	6.8	3.55	9.5	0.83
1.0	18.01	3.0	10.60	5.0	6.45	7.0	3.32	10.0	0.45
1.4	16.02	3.4	9.70	5.4	5.69	7.5	2.78	11.0	0.07
1.8	14.27	3.8	8.85	5.8	4.98	8.0	2.26	12.0	0.00

（2）条件稳定常数

金属离子 M 与滴定剂 Y 反应时，如果没有副反应发生，配合物的稳定常数 $K_{MY}^\ominus = \frac{[MY]}{[M][Y]}$，$K_{MY}^\ominus$ 为未考虑外界条件的影响时，Y 与 M 的配位反应的稳定常数，称为绝对稳定常数（见表 5-1）。它在一定温度下，不受溶液酸度、其他配位剂等外界条件的影响，是一个常数。但在实际工作中，副反应往往是不可避免的。直接采用绝对稳定常数进行计算，将会产生较大的误差，因此引入条件稳定常数 $K_{MY}^{\ominus\prime}$，它是用副反应系数校正后的实际稳定常数。由于在各种副反应中，最严重的往往是配位剂 Y 的酸效应。当溶液中没有其他配位剂存在或其他配位体 L 不与待测金属离子 M 反应，仅考虑 Y 的酸效应，而忽略其他各种副反应的影响，则条件稳定常数为：

由于：
$$\alpha_{Y(H)} = [Y]_{总}/[Y^{4-}]$$
$$[Y]_{总} = \alpha_{Y(H)}[Y^{4-}]$$

则条件稳定常数：$K_{MY}^{\ominus\prime} = \frac{[MY]}{[M][Y]_{总}} = \frac{[MY]}{[M]\alpha_{Y(H)}[Y^{4-}]} = \frac{K_{MY}}{\alpha_{Y(H)}}$

即：
$$K_{MY}^{\ominus\prime} = \frac{K_{MY}^\ominus}{\alpha_{Y(H)}}$$

$$\lg K_{MY}^{\ominus\prime} = \lg K_{MY}^\ominus - \lg\alpha_{Y(H)}$$

该式中 $K_{MY}^{\ominus\prime}$ 是考虑了酸效应后的 EDTA 与金属离子 M 形成的配合物 MY 的稳定常

数，pH 值越大 $[\alpha_{Y(H)}$ 越小$]$，$K_{MY}^{\ominus'}$ 越大，对滴定越有利。它表明对同一配合物来说，其条件稳定常数 $K_{MY}^{\ominus'}$ 随溶液的 pH 不同而改变，其大小反映了在相应 pH 条件时形成配合物的实际稳定程度，所以应用条件稳定常数 $K_{MY}^{\ominus'}$ 比绝对稳定常数 $K_{MY}^{\ominus}$ 能更正确地判断金属离子与 EDTA 的实际配位情况，也是判断滴定可能性的重要依据，所以 $K_{MY}^{\ominus'}$ 在选择配位滴定的 pH 条件时有着重要意义。

【练一练】 若只考虑酸效应，求 pH＝2.0 和 pH＝5.0 时的 ZnY 的 lg $K_{ZnY}^{\ominus'}$。

任务二 染整用水总硬度的测定

一、配位滴定基本原理

1. 配位滴定曲线

配位滴定法是以配位反应为基础的滴定分析方法。配位滴定法可作为滴定金属离子含量的分析方法。大多数金属离子都能与多种配位剂形成稳定性不同的配合物，但不是所有的配位反应都能用于配位滴定。按照滴定分析对滴定反应的要求，只有满足以下条件的配位反应才能用于配位滴定。

(1) 配位反应必须进行完全，即生成的配合物要相当稳定，稳定常数 $K_f^{\ominus'} \geqslant 10^8$。

(2) 配位比要恒定，这是化学计量的依据。

(3) 反应速率要快，并有适当的办法确定滴定终点。

(4) 滴定过程中生成的配合物应是可溶的。

大多数金属离子与无机配位剂形成的配合物存在逐级配位现象，并且各级稳定常数相差不大，不能像多元弱酸、弱碱那样分步滴定。此外，体系中存在各种配位比的配离子，即配位比不恒定。因此，一般不用无机配位剂进行配位滴定。

有机配位剂，特别是氨羧配位剂，能与大多数金属离子形成很稳定的、配位比恒定的配合物，克服了无机配位剂的缺点，是应用最广泛的配位剂，其中最常用的是 EDTA。

在配位滴定中，随着滴定剂 EDTA 的不断加入，溶液中被滴定的金属离子的浓度不断减小，在化学计量点附近金属离子浓度 c_M 发生突变，实现了由量变到质变的过程。以 EDTA 的加入量为横坐标，金属离子浓度的负对数 pM 为纵坐标作图，得到反映滴定过程中金属离子浓度随滴定剂加入量而变化的规律曲线，称为滴定曲线。如图 5-4、图 5-5 所示。可以看出，在化学计量点附近±0.1% 范围内，溶液的 pM 值发生突变，称为滴定突跃。根据滴定曲线上滴定突跃的大小可以选择适当的滴定条件，并为选择指示剂提供一个大概的范围。

滴定突跃的大小是决定配位滴定准确度的重要依据，配位反应进行得越彻底，滴定的突跃越大，准确度越高。

配位滴定中，滴定突跃的大小取决于配合物的条件稳定常数 $K_{MY}^{\ominus'}$ 和金属离子的起始浓度。配合物的条件稳定常数越大，滴定突跃的范围就越大；当 $K_{MY}^{\ominus'}$ 一定时，金属离子的起始浓度越大，滴定突跃的范围就越大（如图 5-6 所示）。

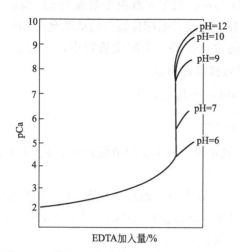

图 5-4　不同 pH 值时用 $0.01mol \cdot L^{-1}$ EDTA 滴定 $0.01mol \cdot L^{-1}$ Ca^{2+} 的滴定曲线

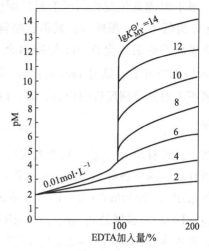

图 5-5　不同 $lgK_{MY}^{\ominus'}$ 时用 $0.01mol \cdot L^{-1}$ EDTA 滴定 $0.01mol \cdot L^{-1}$ M 的滴定曲线

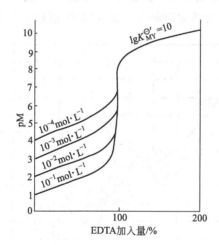

图 5-6　EDTA 滴定不同浓度 M 的滴定曲线

2. 配位滴定中适宜 pH 条件的确定

由上面的讨论可知，一种金属离子能否被准确滴定取决于滴定时突跃范围的大小，而突跃的大小又取决于 $K_{MY}^{\ominus'}$ 和金属离子的浓度 c_M。只有当 $c_M K_{MY}^{\ominus'}$ 足够大，才会有明显的突跃，才能进行准确的滴定。在配位滴定中，采用指示剂目测终点时，要求滴定突跃有 0.4 个 pM 单位的变化。实验证明，用指示剂指示终点时，只有满足 $c_M K_{MY}^{\ominus'} \geq 10^6$，滴定才会有明显的突跃，才能使滴定的终点误差在 $\pm 0.1\%$ 内。因此把 $c_M K_{MY}^{\ominus'} \geq 10^6$ 作为金属离子能否进行准确配位滴定的条件。

【练一练】

(1) 在 pH＝5.0 时，能否用 $0.02mol \cdot L^{-1}$ EDTA 标准溶液直接准确滴定 $0.01mol \cdot L^{-1}$ Ca^{2+}？

(2) 在 pH＝10.0 的氨性缓冲溶液中，上述情况如何？

如果不考虑其他配位剂所引起的副反应，则 $\lg K_{MY}^{\ominus'}$ 值主要取决于溶液的 pH 值。当溶液 pH 值低于某一限度时，就不能准确滴定，这一限度就是配位滴定的最低允许 pH。

金属离子的最低允许 pH 与待测金属离子的浓度有关。在配位滴定中，一般 $c_M=0.01mol \cdot L^{-1}$ 左右，这时 $\lg K_{MY}^{\ominus} \geqslant 8$，金属离子可被准确滴定。

若不考虑其他副反应的影响，则：$\lg K_{MY}^{\ominus'}=\lg K_{MY}^{\ominus}-\lg \alpha_{Y(H)} \geqslant 8$

即：
$$\lg \alpha_{Y(H)} \leqslant \lg K_{MY}^{\ominus}-8$$

按上式计算出 $\lg \alpha_{Y(H)}$，它所对应的 pH 就是滴定该金属离子的最低允许 pH。用上述方法可计算出滴定各种金属离子时的最低 pH。

如求用 $0.02000mol \cdot L^{-1}$ EDTA 滴定 $0.02mol \cdot L^{-1}$ Zn^{2+} 的最低允许 pH。经查表得 $\lg K_{ZnY}^{\ominus}=16.50$，根据公式 $\lg \alpha_{Y(H)} \leqslant \lg K_{MY}^{\ominus}-8$ 可得：$\lg \alpha_{Y(H)} \leqslant \lg K_{ZnY}^{\ominus}-8=16.50-8=8.50$，再查表 5-2 得，$pH=3.89$。即滴定 Zn^{2+} 时的最低 pH 接近为 4。

用上述同样的方法可以计算出滴定各种金属离子时的 pH。若以金属离子的绝对稳定常数 $K_{MY}^{\ominus}$ 的对数值为横坐标，滴定允许的最低 pH 为纵坐标，绘制 $pH \sim \lg K_{MY}^{\ominus}$（$\lg \alpha_{Y(H)}$）曲线，此曲线称为酸效应曲线（又叫林旁曲线）。如图 5-7 所示。

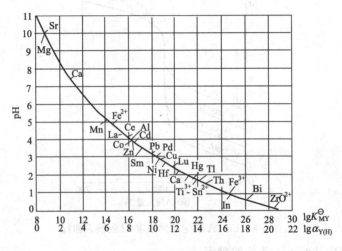

图 5-7　EDTA 的酸效应曲线

酸效应曲线可以应用在以下几个方面。

① 选择滴定金属离子的酸度条件　从图 5-7 曲线上找出被测金属离子的位置，由此作水平线，所得 pH 就是滴定单一金属离子的最低允许 pH，如果小于该 pH 就不能配位或配位不完全，滴定就不能定量进行。例如，滴定 Fe^{3+} 时 pH 必须大于 1；滴定 Zn^{2+} 时 pH 必须大于 4。如果曲线上没有直接标明被测的金属离子，可由被测离子的 $\lg K_{MY}^{\ominus}$ 处作垂线，由曲线的交点作水平线，所得的 pH 即为被测离子的最低允许 pH。

② 判断干扰情况　一般酸效应曲线上位于被测金属离子以下的离子都干扰测定。例如在 $pH=4$ 时滴定 Zn^{2+}，若溶液中存在着 pb^{2+}、Cu^{2+}、Ni^{2+}、Fe^{3+} 等，都能与 EDTA 配位而干扰 Zn^{2+} 的测定。位于 Zn^{2+} 上面的金属离子是否干扰，要看它们与 EDTA 形成的配合物的稳定常数相差多少及所选的酸度是否合适而确定。

③ 控制酸度进行连续测定　在滴定 M 后，若欲连续滴定 N 离子，可从 N 离子 $\lg K_{NY}^{\ominus}$ 的位置作水平线，所得的 pH 就是滴定 N 离子的最高允许酸度。例如，溶液中含有 Bi^{3+}、Zn^{2+}，可在 pH＝1.0 时滴定 Bi^{3+}，然后调 pH＝5.0～6.0 时滴定 Zn^{2+}。

④ 兼作 pH～$\lg \alpha_{Y(H)}$ 表用　图 5-7 中横坐标第二行是用 $\lg \alpha_{Y(H)}$ 表示的，它与 $\lg K_{MY}^{\ominus}$ 之间相差 8 个单位，可代替表 5-2 使用。

应当注意，滴定时实际上所使用的 pH 要比允许的最低 pH 适当高一些，这样可以保证被滴定的金属离子配位更完全。

配位滴定过程中 pH 越大，酸效应越弱，$\lg K_{MY}^{\ominus \prime}$ 增大，配合物越稳定，被滴定金属离子与 EDTA 的反应也越完全，滴定突跃也越大。但是随着 pH 增大，金属离子可能会发生水解，生成多羟基配合物，降低 EDTA 配合物的稳定性，甚至会因生成氢氧化物沉淀而影响 EDTA 配合物的形成，故对滴定不利。因此，对不同的金属离子，因其性质不同而在滴定时有不同的最高允许 pH 值（即最低酸度）。在没有辅助配位剂存在时，准确滴定某一金属离子的最低允许酸度通常可粗略地由一定浓度的金属离子形成氢氧化物沉淀时的 pH 估算。

实际测定某金属离子时，应将 pH 值控制在大于最小 pH 值且金属离子又不发生水解的范围之内，此范围称为配位滴定的适宜酸度范围。

3. 配位滴定中 pH 值的控制

在 EDTA 的配位滴定中，随着配合物的不断生成而不断有 H^+ 释放出来：

$$M + H_2Y \longrightarrow MY + 2H^+$$

因此随着 EDTA 的不断加入，溶液的酸度不断增大，不仅使配合物的实际稳定常数 $K_{MY}^{\ominus \prime}$ 减小，滴定突跃减小，而且也能改变指示剂变色的适宜酸度，导致较大的误差，甚至无法滴定。因此，在配位滴定中通常要加入缓冲溶液来控制 pH 值。这种能对抗外来少量强酸或强碱或稍加稀释而 pH 改变很小的作用称缓冲作用，具有缓冲作用的溶液叫缓冲溶液。

(1) 缓冲溶液的组成和作用原理

缓冲溶液通常是由弱酸及其共轭碱（如：HAc～NaAc，H_2CO_3～$NaHCO_3$）、弱碱及其共轭酸（如 $NH_3 \cdot H_2O$～NH_4Cl）组成以及多元弱酸的酸式盐及次级盐（NaH_2PO_4～Na_2HPO_4，Na_2CO_3～$NaHCO_3$）组成。

现以 HAc～NaAc 混合溶液为例说明缓冲作用的原理。在 HAc～NaAc 混合溶液中，由于 NaAc 完全解离产生的 Ac^- 浓度较大（与纯 HAc 溶液中的 Ac^- 浓度相比），同时由于同离子效应（在弱酸或弱碱溶液中，加入含有相同离子的易溶强电解质使弱酸或弱碱的解离度降低的现象，叫做同离子效应）的存在，使 HAc 的解离度明显降低，而使 HAc 分子的浓度接近未解离的浓度。因此，溶液中还存在着大量的 HAc 分子，在溶液中存在大量弱酸分子及其共轭碱，这就是缓冲溶液组成上的特点。

当向溶液中加入少量强酸（如 HCl），H^+ 和溶液中大量 Ac^- 结合成 HAc，使 HAc 的解离平衡向左移动，所以 [H^+] 几乎没有升高，pH 几乎没降低，也就是说 Ac^- 起到了抗酸作用。

当向溶液中加入少量强碱（如 NaOH），溶液中 H^+ 与加入的 OH^- 结合成 H_2O，使

HAc 的解离平衡向右移动，补充减少的 H^+，所以溶液的 $[H^+]$ 几乎没有降低，pH 几乎没升高，因而 HAc 起到了抗碱作用。

当把溶液稍加稀释，$[H^+]$ 和 $[Ac^-]$ 同时降低，使 HAc 的解离平衡向右移动，同离子效应减弱，所以 HAc 的解离度升高，所产生的 H^+ 抵消了稀释造成的 $[H^+]$ 的减少，结果溶液的 pH 几乎不变。

但必须指出，缓冲溶液的缓冲能力是有限的。当外来的酸或碱量过多时，缓冲溶液的抗酸或抗碱成分将被耗尽，缓冲溶液就会失去缓冲作用，溶液的 pH 值将会变化很大。当缓冲体系中共轭酸碱对的浓度比为 $1:1$ 时，缓冲溶液的 pH 就等于其 $pK_a^\ominus$，此时缓冲能力最强，且共轭酸碱对的浓度越大，缓冲溶液的缓冲能力越强。实验表明，缓冲溶液中 $\dfrac{c_a}{c_b}$ 在 $0.1\sim10$ 范围内才有缓冲作用。我们把缓冲溶液具有缓冲能力的 pH 值范围叫做缓冲范围。表 5-3 列出了常用缓冲溶液的配制和 pH 值。弱酸及其共轭碱缓冲范围：$pH = pK_a^\ominus \pm 1$，弱碱及其共轭酸缓冲范围：$pOH = pK_b^\ominus \pm 1$。

表 5-3　常用缓冲溶液的配制和 pH 值

序号	溶液名称	配 制 方 法	pH 值
1	氯化钾-盐酸	13.0mL 0.2mol·L^{-1} HCl 与 25.0mL 0.2mol·L^{-1} KCl 混合均匀后，加水稀释至 100mL	1.7
2	氨基乙酸-盐酸	在 500mL 水中溶解氨基乙酸 150g，加 480mL 浓盐酸，再加水稀释至 1L	2.3
3	一氯乙酸-氢氧化钠	在 200mL 水中溶解 2g 一氯乙酸后，加 40g NaOH，溶解完全后再加水稀释至 1L	2.8
4	邻苯二甲酸氢钾-盐酸	把 25.0mL 0.2mol·L^{-1} 的邻苯二甲酸氢钾溶液与 6.0mL 0.1mol·L^{-1} HCl 混合均匀，加水稀释至 100mL	3.6
5	邻苯二甲酸氢钾-氢氧化钠	把 25.0mL 0.2mol·L^{-1} 的邻苯二甲酸氢钾溶液与 17.5mL 0.1mol·L^{-1} NaOH 混合均匀，加水稀释至 100mL	4.8
6	六亚甲基四胺-盐酸	在 200mL 水中溶解六亚甲基四胺 40g，加浓 HCl 10mL，再加水稀释至 1L	5.4
7	磷酸二氢钾-氢氧化钠	把 25.0mL 0.2mol·L^{-1} 的磷酸二氢钾与 23.6mL 0.1mol·L^{-1} NaOH 混合均匀，加水稀释至 100mL	6.8
8	硼酸-氯化钾-氢氧化钠	把 25.0mL 0.2mol·L^{-1} 的硼酸-氯化钾与 4.0mL 0.1mol·L^{-1} NaOH 混合均匀，加水稀释至 100mL	8.0
9	氯化铵-氨水	把 0.1mol·L^{-1} 氯化铵与 0.1mol·L^{-1} 氨水以 2:1 比例混合均匀	9.1
10	硼酸-氯化钾-氢氧化钠	把 25.0mL mol·L^{-1} 的硼酸-氯化钾与 43.9mL 0.1mol·L^{-1} NaOH 混合均匀，加水稀释至 100mL	10.0
11	氨基乙酸-氯化钠-氢氧化钠	把 49.0mL 0.1mol·L^{-1} 氨基乙酸-氯化钠与 51.0mL 0.1mol·L^{-1} NaOH 混合均匀	11.6
12	磷酸氢二钠-氢氧化钠	把 50.0mL 0.05mol·L^{-1} Na$_2$HPO$_4$ 与 26.9mL 0.1mol·L^{-1} NaOH 混合均匀，加水稀释至 100mL	12.0
13	氯化钾-氢氧化钠	把 25.0mL 0.2mol·L^{-1} KCl 与 66.0mL 0.2mol·L^{-1} NaOH 混合均匀，加水稀释至 100mL	13.0

（2）缓冲溶液的选择

不同的缓冲溶液具有不同的缓冲范围，缓冲溶液只有在缓冲范围内才有缓冲作用。通常根据试剂的要求选择不同的缓冲溶液。在选择缓冲溶液时，首先应注意所使用的缓冲溶液不能与在缓冲溶液中进行反应的反应物或生成物发生作用；其次，缓冲溶液的pH应在要求范围之内。为使缓冲溶液具有较强的缓冲能力，所选择的弱酸的 $pK_a^{\ominus}$ 值应尽可能接近缓冲溶液的pH，或所选择的弱碱的 $pK_b^{\ominus}$ 值应尽可能接近缓冲溶液的pOH。

此外，若要将溶液的酸度控制在pH<2或pH>12，则可选用浓度较高的强酸或强碱。这主要是由于在溶液中 [H$^+$] 或 [OH$^-$] 较高的情况下，少量的酸或碱并不会引起溶液的pH值发生多大的变化。因而强酸或强碱也能起到缓冲溶液的作用。

在选定具有适当pH值的缓冲溶液后，首先要根据溶液的pH值算出所需酸（或碱）和盐的量，再进行配制。常用缓冲溶液的配制方法见附录Ⅳ。

【做一做】　自己动手配制500mL pH=10的 $NH_3 \cdot H_2O - NH_4Cl$ 缓冲溶液。

二、金属指示剂

1. 作用原理

在配位滴定中，可用各种方法指示终点，使用最广泛的是金属指示剂。金属指示剂是一些有机配位剂，能同金属离子M形成有色配合物，其颜色与游离指示剂本身的颜色不同，从而指示滴定的终点。

在滴定开始时，金属指示剂（In）与少量被滴定金属离子反应，形成一种与指示剂本身颜色不同的配合物（MIn）：

$$M \; + \; In \; \rightleftharpoons \; MIn$$
$$\text{颜色A} \qquad\quad \text{颜色B}$$

随着EDTA的加入，游离金属离子逐渐被配位，形成MY。当达到反应的化学计量点时，EDTA从MIn中夺取金属离子M，使指示剂In游离出来，这样溶液的颜色就从MIn的颜色（B色）变为In的颜色（A色）指示终点到达：

$$MIn + Y \rightleftharpoons MY + In$$
$$\text{颜色B} \qquad\qquad\quad \text{颜色A}$$

2. 金属指示剂应具备的条件

金属指示剂大多是水溶性的有机染料，它应具备下列条件。

① 指示剂与金属离子形成的配合物MIn的颜色与指示剂In自身的颜色有显著差别，这样达到终点时的颜色变化才明显。

② 指示剂应比较稳定，便于储藏和使用。显色反应灵敏、迅速，且有良好的变色可逆性。

③ 金属离子与指示剂所形成的有色配合物应足够稳定，在金属离子浓度很小时，仍能呈现明显的颜色。如果它的稳定性差而解离程度大，则在到达化学计量点前，就会显示出指示剂本身的颜色，使终点提前出现，颜色变化也不明显。

④ MIn配合物的稳定性应小于MY配合物的稳定性，两者稳定常数应相差100倍以上，即：$K_{MY}^{\ominus\prime} > 100K_{MIn}^{\ominus\prime}$。这样才能使EDTA滴定到化学计量点时，将指示剂从MIn配合物中取代出来，否则，滴定过了化学计量点指示剂也不变色。

⑤ 指示剂与金属离子形成的配合物应易溶于水，如果生成胶体溶液或沉淀，就会影响颜色反应的可逆性，会使变色不明显。

【想一想】 直接配位滴定中，终点时溶液显示的应该是什么物质的颜色？

3. 使用金属指示剂应注意的问题

（1）指示剂使用的 pH 值范围

金属指示剂一般为有机弱酸（或弱碱），具有酸碱指示剂的性质，即指示剂自身的颜色会随着溶液 pH 值的变化发生变化，因此，指示剂有各自使用的 pH 值范围。如铬黑 T，pH$<$6 时，其游离态呈红色；pH$>$12 时，游离态呈橙色；pH$=8\sim11$ 时，游离态呈蓝色。而铬黑 T 与金属离子形成的配合物呈酒红色。这样铬黑 T 只能在 pH$=8\sim11$ 的范围内使用。

（2）指示剂的封闭现象

有些金属指示剂能与某些金属离子生成极稳定的配合物，其稳定性比 MY 配合物更高，以致加入过量的 EDTA 也不能夺取 MIn 配合物中的金属离子使指示剂游离出来，因而使指示剂在滴定过程中不发生颜色的显著变化，无法指示终点，这种现象称为指示剂的封闭现象。例如用 EDTA 滴定 Ca^{2+}、Mg^{2+} 时使用铬黑 T 为指示剂，如溶液中有少量的 Al^{3+}、Fe^{3+}、Cu^{2+}、Co^{2+}、Ni^{2+} 等离子存在，则这些离子会对铬黑 T 产生封闭作用，使铬黑 T 指示剂失效无法指示终点。解决的方法是加入掩蔽剂（所谓掩蔽剂，是一种可与干扰离子形成非常稳定配合物的配位剂）掩蔽干扰离子，掩蔽剂与干扰离子形成的配合物的稳定性大于指示剂与干扰离子形成的配合物的稳定性，从而使得干扰离子只与掩蔽剂形成配合物，不与指示剂形成配合物，由此消除指示剂的封闭。例如加入三乙醇胺，可以消除 Al^{3+}、Fe^{3+} 对铬黑 T 的封闭作用，加入 KCN、Na_2S 可消除 Cu^{2+}、Co^{2+}、Ni^{2+} 等对铬黑 T 的封闭作用。如干扰离子的量太大，必须预先分离除去。

（3）指示剂的僵化现象

有些指示剂本身或其与金属离子形成的配合物在水中溶解度太小，使终点的颜色变化不明显；还有些指示剂与金属离子形成的配合物的稳定性只稍小于 MY 配合物，以致 EDTA 与 MIn 之间的反应缓慢而使终点拖长，这种现象称为指示剂僵化现象。解决的办法是加热或加入适当的有机溶剂，以增大其溶解度，从而加快置换反应速率。例如用 PAN 作指示剂时，有僵化现象，常加入少量乙醇或在加热下滴定。

（4）指示剂的氧化变质现象

指示剂大多是具有双键的有色化合物，易被日光、氧化剂、空气所分解，在水溶液中不稳定，日久会变质，分解变质的速率与试剂的纯度有关。因此金属指示剂常常配成固体使用，以延长其使用时间。例如铬黑 T 和钙指示剂，常与固体 KCl 或 NaCl 混匀后使用。如果必须使用指示剂溶液，则一般在溶液中加入盐酸羟胺、抗坏血酸等还原剂及一些掩蔽剂，以稳定金属指示剂溶液。

4. 常用金属指示剂

由于金属指示剂与几乎所有离子形成配合物的有关常数不齐全，所以多数都采用实验的方法来选择指示剂。即先试验滴定终点时颜色变化是否敏锐，再检查滴定结果是否准确，这样就可以确定该指示剂是否符合要求。常用金属指示剂及其应用范围列于表 5-4。

表 5-4　常用的金属指示剂

指示剂	适宜 pH 范围	颜色变化 In	MIn	直接滴定的离子	指示剂配制	注意事项
铬黑 T 简称 EBT 或 BT	8～10	蓝	红	pH＝10,Mg^{2+}、Zn^{2+}、Cd^{2+}、Pb^{2+}、Mn^{2+}、稀土元素离子	1：100NaCl(固体)	Fe^{3+}、Al^{3+}、Cu^{2+}、Ni^{2+} 等离子封闭 EBT
酸性铬蓝 K	8～13	蓝	红	pH＝10,Mg^{2+}、Zn^{2+}、Mn^{2+} pH＝13,Ca^{2+}	1：100NaCl(固体)	
二甲酚橙简称 XO	＜6	亮黄	红	pH＜1,ZrO^{2+} pH＝1～3.5,Bi^{3+}、Tb^{4+} pH＝5～6,Tl^{3+}、Zn^{2+}、Pb^{2+}、Cd^{2+}、Hg^{2+}、稀土元素离子	0.5％水溶液	Fe^{3+}、Al^{3+}、Cu^{2+}、Ni^{2+}、Ti^{4+} 等离子封闭 XO
磺基水杨酸简称 ssal	1.5～2.5	无色	紫红	pH＝1.5～2.5,Fe^{3+}	5％水溶液	ssal 本身无色,FeY^{-} 呈黄色
钙指示剂简称 NN	12～13	蓝	红	pH＝12～13,Ca^{2+}	1：100NaCl(固体)	Fe^{3+}、Al^{3+}、Cu^{2+}、Ni^{2+}、Co^{2+}、Mn^{2+} 等离子封闭
PAN	2～12	黄	紫红	pH＝2～3,Th^{4+}、Bi^{3+} pH＝4～5,Cu^{2+}、Ni^{2+}、Pb^{2+}、Cd^{2+}、Zn^{2+}、Mn^{2+}、Fe^{2+}	0.1％乙醇溶液	MIn 在水中溶解度小,为防止 PAN 僵化,滴定时需加热

三、水硬度的表示

在目前的染整加工过程中，水是染料及助剂最理想的溶剂和载体，是必不可少的生产资源。从退浆、煮练、漂白、丝光到染色、印花、后整理以及锅炉供汽都要耗用大量的水，粗略估算，平均每生产 1000m 印染布约耗水 20t 左右。水质的好坏直接影响加工产品的质量、锅炉使用效率和染化料、助剂的消耗等，因此，染整加工中所使用的大部分水，均须符合一定的水质质量要求。

其中水的硬度是印染用水的重要指标之一。它是指水中除碱金属外的全部金属离子浓度的总和。由于 Ca^{2+} 和 Mg^{2+} 含量远比其他金属离子含量高，所以水的硬度通常以钙镁离子含量表示。由于钙、镁等的酸式碳酸盐的存在而引起的硬度叫做碳酸盐硬度。煮沸时这些盐会分解生成碳酸盐沉淀，可除去大部分。例如：

$$Ca(HCO_3)_2 \longrightarrow CaCO_3 \downarrow ＋H_2O＋CO_2 \uparrow$$

因此，习惯上把这种硬度叫暂时硬度。由钙、镁的氯化物、硫酸盐、硝酸盐等所引起的硬度叫作非碳酸盐硬度。由于这些盐煮沸后不会生成沉淀而被除去，习惯上把这种硬度叫做永久硬度。碳酸盐硬度和非碳酸盐硬度之和就是水的总硬度。

硬度又分为钙硬度和镁硬度，水中 Ca^{2+} 的含量称为钙硬度。水中 Mg^{2+} 的含量称为镁硬度。

硬度的表示方法尚未统一，目前我国使用较多的表示方法有两种：一种是将所测得的钙、镁折算成 CaO 或 $CaCO_3$ 的质量，即每升水中含有 CaO 的毫克数表示，单位为 mg・L^{-1}（ppm）；另一种以度（°）计：1 硬度单位表示每升水中含 10mgCaO，即 1°＝10ppm

CaO。这种硬度的表示方法称作德国度。

按 GB 5749—2006《生活饮用水卫生标准》规定，我国饮用水总印硬度（以 $CaCO_3$ 计）不得超过 $450mg \cdot L^{-1}$。水硬度是表示水质的一个重要指标，对工业用水关系很大。水硬度是形成锅垢和影响产品质量的主要因素。因此，水的总硬度为确定用水质量和进行水的处理提供依据。

测定水的总硬度就是测定水中 Ca^{2+}、Mg^{2+} 的总含量。一般采用配位滴定法，即在 $pH=10$ 的氨性缓冲溶液中，以铬黑 T 作指示剂，用 EDTA 标准溶液直接滴定，直至溶液由酒红色转变为纯蓝色为终点。

【实践操作】

染整用水总硬度的测定

1. 试剂和仪器

试剂：EDTA 标准溶液，$NH_3 \cdot H_2O$-NH_4Cl 缓冲溶液（$pH=10$），铬黑 T 指示剂，0.2％二甲酚橙指示剂，钙指示剂，HCl 溶液（1∶1），$NH_3 \cdot H_2O$ 溶液（1∶1），20％六亚甲基四胺溶液，20％三乙醇胺溶液

仪器：台秤，电子天平，烧杯（250mL），电炉，烧杯（1000mL），试剂瓶（1L），容量瓶（250mL），锥形瓶（250mL）

2. 测定步骤

（1）$0.02mol \cdot L^{-1}$ EDTA 溶液的配制和标定

称取 8g $Na_2H_2Y \cdot 2H_2O$（乙二胺四乙酸二钠，也即 EDTA）置于 250mL 烧杯中，加水微热溶解后，稀释到 1L，转入试剂瓶中，摇匀。

标定的方法：标定 EDTA 溶液常用的基准物有 Zn、ZnO、$CaCO_3$、Cu、Pb、$MgSO_4 \cdot 7H_2O$ 等。通常选用其中与被测组分相同的物质作基准物，这样，滴定条件较一致，可减少误差。本实验以 $CaCO_3$ 作基准物质来标定 EDTA。

① Ca^{2+} 标准溶液的配制（$0.02mol \cdot L^{-1}$）　用减量法准确称取 $CaCO_3$ 0.5～0.6g 于 250mL 烧杯中，用 1∶1HCl 溶液加热溶解，待冷却后转入 250mL 容量瓶中，用水稀释至刻度，摇匀。

② EDTA 溶液的标定　用移液管移取 25.00mL 上述 Ca^{2+} 标准溶液于 250mL 锥形瓶中，加入 70～80mL 水，5mL 20％NaOH 溶液，并加少量钙指示剂，用 EDTA 溶液滴定至溶液由酒红色恰变为纯蓝色，记下所消耗的 EDTA 溶液体积，计算 EDTA 溶液的准确浓度。平行测定三份。

（2）水样总硬度的测定

吸取水样 50mL 于 250mL 锥形瓶中，加入 3mL 20％三乙醇胺溶液，摇匀后再加入 $pH=10$ 的 $NH_3 \cdot H_2O$-NH_4Cl 缓冲溶液 5mL 及少许铬黑 T 指示剂，摇匀，用 EDTA 标准溶液滴定至溶液由酒红色变纯蓝色，即为终点。根据 EDTA 溶液的用量计算水样的硬度。计算结果时，把 Ca、Mg 总量折算成 CaO（以度计）。平行测定三份。

3. 数据记录与处理

记录项目	次数	1	2	3
0.02mol·L⁻¹ EDTA 标准溶液的标定	m_{CaCO_3}/g			
	$c_{Ca^{2+}}$/mol·L⁻¹			
	V_{EDTA}/mL			
	c_{EDTA}/mol·L⁻¹			
	平均值 c_{EDTA}/mol·L⁻¹			
	相对偏差/%			
	相对平均偏差/%			
工业用水总硬度的分析	吸取染整水样的体积 $V_{水样}$/mL	50.00	50.00	50.00
	V_{EDTA}/mL			
	水样总硬度/(CaO,°)			
	总硬度的平均值/(CaO,°)			
	相对偏差/%			
	相对平均偏差/%			

注：计算公式

$$c_{EDTA} = \frac{25 \times m_{CaCO_3}}{250 \times V_{EDTA} \times 10^{-3} \times M_{CaCO_3}} \quad (mol \cdot L^{-1})$$

$$水的总硬度 = \frac{c_{EDTA}V_{EDTA}M_{CaO} \times 1000}{V_{水样}} \quad (CaO, mg \cdot L^{-1})$$

$$= \frac{c_{EDTA}V_{EDTA}M_{CaO} \times 100}{V_{水样}} \quad (°)$$

【分析与思考】

(1) Ca^{2+}、Mg^{2+} 与 EDTA 配位哪个更稳定？为什么？测定时为什么要将 pH 值控制在 10？

(2) 测定中为何采用铬黑 T 指示剂？能否用二甲酚橙指示剂？为什么？

(3) 水中若有 Fe^{3+}、Al^{3+} 等离子，为何干扰测定？应如何消除？

【课外充电】 查阅并学习国家标准 GB/T 6909—2008《锅炉用水和冷却水分析方法硬度的测定》。

任务三　染整用水的软化

一、水中杂质对染整加工的危害

① 白色品种不白或白度不持久，有色品种色光不纯正、不鲜艳、色牢度降低。

② 含钙镁离子的水，能与肥皂或某些染化料结合形成沉淀物，从而不仅增加了肥皂或染化物和耗用量，还由于形成的沉淀物会沉积于织物表面，而对织物的手感、色泽产生不良影响。

③ 含 Fe、Mn 的水，会使织物表面泛黄甚至产生锈斑，铁盐也能催化双氧水分解，影响氧漂效果，并使棉纤维脆化。

④ 含钙镁离子的水，由于能与某些染化料形成沉淀，致使过滤性染色加工过程不能顺利进行（如：筒子纱染色、经轴染色）

⑤ 含有过多氯化物的水，会影响织物的白度。

⑥ 若煮练过程中使用硬水，则煮练后织物的吸水性能明显降低。

总之，使用不合格的水进行染整加工，不仅直接影响产品质量，还会明显增加染化料的耗用量，延长生产加工周期，从而造成生产加工成本不同程度的增加。

二、水的软化方法

降低水中钙离子和镁离子含量使硬水变成软水的处理叫作水的软化。其主要方法如下。

1. 煮沸法（只适用于暂时硬水）

煮沸暂时硬水时的反应：

$$Ca(HCO_3)_2 \longrightarrow CaCO_3 \downarrow + H_2O + CO_2 \uparrow$$

$$Mg(HCO_3)_2 \longrightarrow MgCO_3 \downarrow + H_2O + CO_2 \uparrow$$

由于 $CaCO_3$ 不溶，$MgCO_3$ 微溶，所以 $MgCO_3$ 在进一步加热的条件下还可以与水反应生成更难溶的氢氧化镁：

$$MgCO_3 + H_2O \longrightarrow Mg(OH)_2 \downarrow + CO_2 \uparrow$$

由此可见水垢的主要成分为 $CaCO_3$ 和 $Mg(OH)_2$。

2. 药剂软化法

工业上的经典水质处理方法是药剂软化法，如沉淀法和配位法等。

（1）沉淀法

通常使用石灰和纯碱，使水中的钙离子、镁离子形成 $CaCO_3$、$Mg(OH)_2$ 沉淀而从水中除去，从而降低水的硬度，称为石灰-纯碱法，较经济实用。

在去除钙、镁离子的同时，水中的铁、锰盐也可以转变成不溶性的氢氧化物沉淀而除去。如只加纯碱（$NaCO_3$），也可以降低水的硬度，但碳酸镁在水中仍有一定的溶解度，故软化程度不高。

磷酸三钠也是常用的软水剂，它能与水中的钙、镁离子作用生成磷酸钙、磷酸镁沉淀，具有较好的软水效果。经纯碱或磷酸三钠处理的软水，往往含有较高的碱度。

（2）配位法

六偏磷酸钠是染整加工中常使用的配位型软水剂，它能与水中的钙、镁离子形成稳定的水溶性配合物，而将钙、镁盐杂质去除，起到软化水的作用：

$$Na_4[Na_2(PO_3)_6] + Ca^{2+} \longrightarrow Na_4[Ca(PO_3)_6] + 2Na^+$$

$$Na_4[Na_2(PO_3)_6] + Mg^{2+} \longrightarrow Na_4[Mg(PO_3)_6] + 2Na^+$$

由于六偏磷酸钠在软水过程中不会产生不溶性沉淀物，更适合于在染整工作液中直接作为软水剂添加使用，但价格相对偏高。

除了六偏磷酸钠之外，螯合分散剂是更优秀的配位型软水剂，少量使用既有良好的软水效果，生成的水溶性配合物更加稳定，在工业上已有一定程度的应用。

3. 离子交换法

沉淀法软化水对于家庭用水和不少工业用水不适宜，因为这种软化水中含有过饱和的 $CaCO_3$。这时，水的软化应采用离子交换法。它是利用离子交换剂，把水中的离子与离子交换剂中可扩散的离子进行交换作用，使水得到软化的方法。

常用的离子交换型材料有泡沸石、磺化煤、离子交换树脂三种，由于离子交换树脂具有机械强度较好、化学稳定性优良、交换效率高、使用周期长等突出优点，目前已逐渐取代其他两种材料的使用，成为工业中大量生产软化水的主要处理方法。

离子交换树脂是一种具有化学反应活性的高分子材料，有阳离子交换树脂和阴离子交换树脂两种。

（1）阳离子交换树脂

阳离子交换树脂可交换水中的各种阳离子，如 Ca^{2+}、Mg^{2+} 等，目前广泛采用国产732 型聚苯乙烯强酸性阳离子交换树脂，多为钠型，这种高分子材料中带有磺酸基反应官能团，可吸收掉水中的绝大部分 Ca^{2+}、Mg^{2+} 等，从而使水质软化。其作用原理如下：先将比较稳定的钠型树脂用酸转型为活性较高的氢型树脂：

$$R-SO_3Na + H^+ \longrightarrow R-SO_3H + Na^+$$

然后将硬水缓慢通过氢型树脂层，产生离子交换作用，使水软化：

$$2R-SO_3H + \begin{cases} Ca^{2+} \\ Mg^{2+} \end{cases} \longrightarrow \begin{cases} (R-SO_3)_2Ca \\ (R-SO_3)_2Mg \end{cases} + 2H^+$$

（2）阴离子交换树脂

阴离子交换树脂可交换水中的各种阴离子，如 Cl^-、SO_4^{2-} 等，目前广泛采用国产717 型聚苯乙烯强碱性阴离子交换树脂，出厂时多为氯型，这种高分子材料中带有季铵基反应官能团，可吸收掉水中的 Cl^-、SO_4^{2-}，可使经阳离子交换树脂软化后的水由酸性变为中性，并使软水进一步得以净化。其作用原理如下：

首先也将比较稳定的氯型用碱转型为活性较高的氢氧型树脂：

$$R-CH_2N(CH_3)_3Cl + OH^- \longrightarrow R-CH_2N(CH_3)_3OH + Cl^-$$

然后与已经过阳离子交换树脂软化的水或硬水缓慢接触，产生离子交换作用，使软水变为中性或进一步净化水质：

$$2R-CH_2N(CH_3)_3OH + SO_4^{2-} \longrightarrow [R-CH_2N(CH_3)_3]_2SO_4 + 2OH^-$$

经过阳离子交换树脂交换出来的 H^+ 和阴离子交换树脂交换出来的 OH^- 作用结合成水：

$$H^+ + OH^- \longrightarrow H_2O$$

实际生产中，常把阳离子交换树脂柱与阴离子交换树脂柱串联起来使用，最后通过阴、阳离子混合树脂柱进行多级离子交换，以进一步提高水质纯度。

离子交换树脂经过一段时间交换后，交换树脂达到饱和（失去交换能力），此时可将交换树脂进行再生处理。失去活性的阳离子交换树脂可用 $2mol \cdot L^{-1}$ HCl 溶液，失去活性的阴离子交换树脂可用 $2mol \cdot L^{-1}$ NaOH 溶液分别按制备交换水的相反方向，慢慢流过交换树脂，这样就发生交换水反应的逆反应，使树脂上交换吸附的水中杂质离子释放出来，并随溶液流出，从而使离子交换树脂恢复原状，此过程称为再生。再生后的离子交换树脂又可重新使用。

◎【课外充电】　查阅相关书籍资料，学习离子交换法在水处理中的应用实例。

4. 电渗析和超滤技术

电渗析法是在外加直流电场的作用下，利用阴、阳离子交换膜对水中离子的选择透过性，使水中阴、阳离子分别通过阴、阳离子交换膜向阳极和阴极移动，从而达到净化作用。这项技术常用于将自来水制备初级纯水。

反渗透法（超滤技术）是以压力为驱动力，提高水的压力来克服渗透压，使水穿过功能性的半透膜而除盐净化。反渗透法也能除去胶体物质，对水的利用率可达 75% 以上；反渗透法产水能力大，操作简便，能有效使水净化到符合国家标准。

◎【实践操作】

水的纯化及纯度检测

1. 试剂和仪器

试剂：钙指示剂，铬黑 T 指示剂，HCl（2mol·L^{-1}），NaOH（2mol·L^{-1}），BaCl$_2$（1mol·L^{-1}），AgNO$_3$（0.1mol·L^{-1}），NH$_4$Cl～NH$_3$·H$_2$O 缓冲液（pH＝10），强碱性阴离子交换树脂，强酸性阳离子交换树脂，pH 试纸（广泛及 5.5～9.0 精密试纸）仪器：离子交换柱两根（实验中也可用碱式滴定管代替），玻璃漏斗，T 形玻璃管，玻璃纤维，乳胶橡皮管，螺丝夹

2. 测定步骤

（1）树脂处理（一般由实验室预先处理好）

取一定量（由离子交换柱所装体积而定，若用 50mL 碱式滴定管作柱，取约 30g）阴离子交换树脂，放入烧杯中，先用蒸馏水（或去离子水）浸泡一天，再用 2mol·L^{-1} NaOH 溶液浸泡一天。倾去碱液，再用 NaOH 溶液浸泡 1h，并经常搅拌，如此重复两次。倾去碱液，用蒸馏水搅拌洗涤树脂，重复洗涤至洗涤液呈中性（用 pH 试纸测定），最后浸没在蒸馏水中。

另取 20g 阳离子树脂，放入烧杯中，同阴离子树脂一样的方法处理，但是用 2mol·L^{-1} HCl 溶液代替 NaOH 溶液。

上述处理也可在交换柱中进行（再生时即在柱内进行），使酸或碱分别缓慢逆向流经树脂，再用水洗至中性。

（2）装柱

将交换柱（如图 5-8）固定在铁架台上。在管底部塞入少量清洁的玻璃纤维（如果是较粗的交换柱，则要先加多孔板，再加玻璃纤维布），以防树脂流出。先在柱中加入约 1/3 的蒸馏水，并排出橡皮管中的空气，然后将处理好的树脂和水调成薄粥状，并慢慢加入使其随水沉入柱内。为使交换有效进行，树脂层内不能出现气泡，所以，水面在任何时候一定要高出树脂层。若水过多时，可放松下面的螺丝夹，使水流出一部分。为使树脂装得均匀紧密，可用手指轻弹管壁。如果树脂层内出现气泡，可用清洁玻璃棒或塑料通条赶走气泡，如果赶不掉，则应重新装柱。

（3）去离子水的制备

小心开启自来水和交换柱间的螺丝夹，随即再开启阴离子交换柱下的螺丝夹，并用烧杯盛水，控制水的流速为成滴流下。开始流出的约 $150\sim200\text{mL}$ 水弃去，然后用 100mL 烧杯收集约 60mL 水（用表面皿盖好）进行纯度测定。

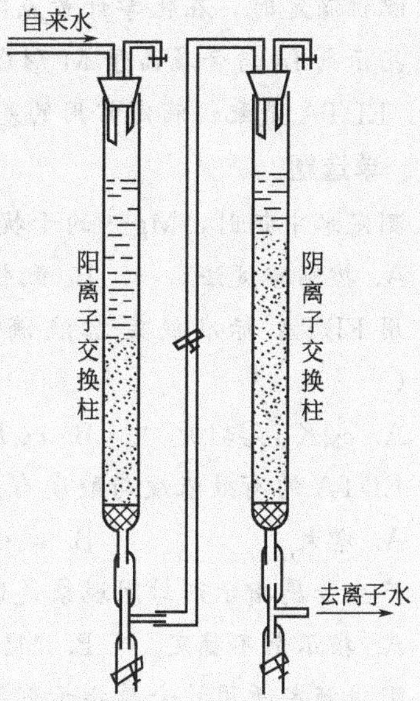

（4）水质纯度检验

分别对去离子水和自来水进行检验以作对比。

① Ca^{2+} 检验　取约 1mL 水样加 $2\text{mol}\cdot\text{L}^{-1}$ NaOH 溶液 2 滴，再加入少量钙指示剂，观察实验现象。

② Mg^{2+} 检验　取约 1mL 水样加 $1\sim2$ 滴 $NH_4Cl\sim NH_3\cdot H_2O$ 缓冲液和少量铬黑 T 指示剂，观察实验现象。

③ SO_4^{2-}、Cl^- 检验（自己设计检验方法）

④ 用精密 pH 试纸测量水样 pH

3. 数据记录与处理

将以上结果（实验数据和现象）记录于下表：

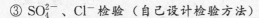
图 5-8　离子交换柱示意图

水样	Ca^{2+}	Mg^{2+}	SO_4^{2-}	Cl^-	pH
自来水					
去离子水					

【分析与思考】

（1）离子交换法制备去离子水的原理是什么？

（2）设计定性鉴定 SO_4^{2-}、Cl^- 的实验操作步骤。

───────────── 【练习与测试】 ─────────────

一、判断题

1. 金属指示剂是指示金属离子浓度变化的指示剂。（　　）

2. 在配位滴定中，若溶液的 pH 值高于滴定金属离子的最小 pH 值，则无法准确滴定。（　　）

3. EDTA 酸效应系数 $\alpha_{Y(H)}$ 随溶液中 pH 值的变化而变化，pH 值低，则 $\alpha_{Y(H)}$ 值高，对配位滴定有利。（　　）

4. 配位滴定中，溶液的最佳酸度范围是由 EDTA 决定的。（　　）

5. 铬黑 T 指示剂在 $pH=7\sim11$ 范围内使用，其目的是为了减少干扰离子的影响。（　　）

6. 配位数相同时，同一中心离子所形成的螯合物比普通配合物要稳定。（　　）

7. 酸效应曲线是 EDTA 在不同酸度条件下各种成分的分布曲线。（　　）

8. 配位滴定时，在化学计量点附近 pM 产生突跃。（　　）

9. 指示剂 In 与金属离子 M 形成的配合物 MIn 的稳定性应大于 MY 的稳定性。（　　）

10. EDTA 是配位滴定常用的基准物质。（　　）

二、单选题

1. 测定水中钙时，Mg^{2+} 的干扰用（　　）消除。

　　A. 控制酸度法　　　　B. 配位掩蔽法　　　　C. 氧化还原掩蔽法　　D. 沉淀掩蔽法

2. 用 EDTA 标准滴定溶液滴定金属离子 M，若要求相对误差小于 0.1%，则要求（　　）。

　　A. $c_M K_{MY}^{\ominus\prime} \geqslant 10^6$　　　　B. $c_M K_{MY}^{\ominus\prime} 10^6$　　　　C. 氧化还原掩蔽法　　D. 沉淀掩蔽法

3. EDTA 的有效浓度与酸度有关，它随着溶液 pH 值增大而（　　）。

　　A. 增大　　　　　　B. 减小　　　　　　C. 不变　　　　　　　D. 先增大后减小

4. 产生金属指示剂封闭现象是因为（　　）。

　　A. 指示剂不稳定　　B. MIn 溶解度小　　C. $K_{MIn}^{\ominus\prime} < K_{MY}^{\ominus\prime}$　　D. $K_{MIn}^{\ominus\prime} > K_{MY}^{\ominus\prime}$

5. 配位滴定所用的金属指示剂同时也是一种（　　）。

　　A. 掩蔽剂　　　　　B. 显色剂　　　　　C. 配位剂　　　　　　D. 弱酸弱碱

6. 在直接配位滴定中，终点时一般情况下溶液显示的颜色为（　　）。

　　A. 被测金属离子与 EDTA 配合物的颜色

　　B. 被测金属离子与指示剂配合物的颜色

　　C. 游离指示剂的颜色

　　D. 金属离子与指示剂配合物和金属离子与 EDTA 配合物的混合色

7. 与配位滴定所需控制的酸度无关的因素为（　　）。

　　A. 金属离子颜色　　B. 酸效应　　　　　C. 水解效应　　　　　D. 指示剂的变色

8. 某溶液主要含有 Ca^{2+}、Mg^{2+} 及少量的 Al^{3+}、Fe^{3+}，在 pH=10 时加入三乙醇胺，用 EDTA 滴定，用铬黑 T 为指示剂，则测出的是（　　）。

　　A. Mg^{2+} 的含量　　　　　　　　　　B. Ca^{2+}、Mg^{2+} 含量

　　C. Al^{3+}、Fe^{3+} 含量　　　　　　　　D. Ca^{2+}、Mg^{2+}、Al^{3+}、Fe^{3+} 的含量

9. 利用酸效应曲线可以确定单独滴定金属离子时的（　　）。

　　A. 最低 pH　　　　　B. 最高 pH　　　　　C. 最低酸度　　　　D. 最低金属离子浓度

10. 用 EDTA 滴定 Mg^{2+}，采用铬黑 T 为指示剂，少量 Fe^{3+} 的存在将导致（　　）。

　　A. 终点颜色变化不明显以致无法确定终点

　　B. 在化学计量点前指示剂即开始游离出来，使终点提前

　　C. 使 EDTA 与指示剂作用缓慢，终点延长

　　D. 与指示剂形成沉淀，使其失去作用

三、计算题

1. 计算用 $0.01000mol \cdot L^{-1}$ EDTA 滴定 $0.01000mol \cdot L^{-1}$ Zn^{2+} 时，所允许的最低 pH 是多少？

2. 测定水的总硬度时，取 100.0mL 水样，以铬黑 T 作指示剂，用 $0.01000mol \cdot L^{-1}$ ED-TA 溶液滴定，共消耗 3.00mL。计算水样中含有以 CaO 表示的钙、镁总量为多少（以

mg·L^{-1}表示）。

3. 印染厂购进无水 $ZnCl_2$ 原料，用 EDTA 法测定其含量。称取 $ZnCl_2$ 试样 0.2500g，溶于水后稀释到 250.0mL，吸取 25.00mL，在 pH＝5～6 时，用二甲酚橙作指示剂，用 0.01024mol·L^{-1}EDTA 标准溶液滴定，用去 17.60mL。计算试样中 $ZnCl_2$ 的质量分数。

4. 称氧化铝试样 0.3732g，溶解后，加入 0.2086mol·L^{-1} EDTA30.00mL，待 EDTA 与 Al^{3+} 反应完全，用 0.1893mol·L^{-1} Zn^{2+} 标准溶液滴定剩余的 EDTA，用去 10.45mL。试求试样中 Al 的含量，分别以 Al 的质量分数和 Al_2O_3 的质量分数表示。

5. 称基准物质 ZnO 2.0671g，加入 1∶1HCl 溶解，稀释至 1000mL，配成 Zn^{2+} 标准溶液。吸待标定的 EDTA 溶液 25mL，调节 pH＝5～6，以二甲酚橙作指示剂，用上述 Zn^{2+} 标准溶液滴定，用去 20.80mL。分别求出 Zn^{2+} 标准溶液和 EDTA 标准溶液的浓度。

6. 在 25.00mL 含 Ni^{2+}、Zn^{2+} 的溶液中，加入 50.00mL 0.01500mol·L^{-1} EDTA 溶液，用 0.01000mol·L^{-1} Mg^{2+} 返滴定过量的 EDTA，用去 17.52mL，然后加入二巯基丙醇解蔽 Zn^{2+}，释放出的 EDTA 又用去 22.00mL Mg^{2+} 溶液滴定。计算原溶液中 Ni^{2+}、Zn^{2+} 的浓度。

7. 间接法测定 SO_4^{2-} 时，称取 3.000g 试样溶解后，稀释至 250.00mL。取 25.00mL 该试液加入 25.00mL 0.05000mol·L^{-1} $BaCl_2$ 溶液，过滤 $BaSO_4$ 沉淀后，滴定剩余 Ba^{2+} 用去 29.15mL 0.02002mol·L^{-1}EDTA。试计算 SO_4^{2-} 的质量分数。

项目六　染料浓度的测定

【知识与技能要求】

1. 能说出仪器分析法和化学分析法的区别；

2. 能用朗伯-比尔定律解释生活中的相关现象；

3. 会绘制吸收曲线和工作曲线，正确选择测定波长、参比溶液、吸光度范围等测定条件；

4. 了解显色反应的要求、显色条件的选择、显色剂的类型；

5. 能正确并熟练使用分光光度计。学会测定水中未知染料的浓度。

任务一　知识准备

一、吸光光度法

1. 吸光光度法的特点

许多物质的溶液都显现出颜色，例如 $KMnO_4$ 溶液呈紫红色，$CuSO_4$ 溶液呈蓝色，等等，而且溶液颜色的深浅往往与物质的浓度有关，溶液浓度越大颜色越深，而浓度越小颜色越浅。历史上，人们用肉眼来观察溶液颜色的深浅以测定物质浓度，建立了"比色分析法"，即"目视比色法"。

所谓目视比色法，是一种用眼睛辨别颜色深浅，以确定待测组分含量的方法。目视比色法一般采用标准系列法。即在一套等体积的比色管中配制一系列浓度不同的标准溶液，并按同样的方法配制待测溶液，待显色反应达平衡后，从管口垂直向下观察，比较待测溶液与标准系列中哪一个标准溶液颜色相同，便表明二者浓度相等。如果待测试液的颜色介于某相邻两标准溶液之间，则待测试样的含量可取两标准溶液含量的平均值。目视比色法的依据是，溶液的浓度越高，其颜色就越深。因为溶液的浓度越高，可见光范围内某一部分波长的光被吸收得就越多，这部分波长的光透过溶液的强度就越小，被吸收光的互补光的强度就越大，溶液的颜色就越深。目视比色法的特点是利用自然光，无需特殊仪器；方法简便，灵敏度高；但准确度低（一般为半定量）；且不可分辨多组分。

随着科学技术的发展，在目视比色法的基础上，出现了测量颜色深浅的仪器，即光电比色计，建立了"光电比色法"，它和目视比色法合称为比色分析法。再到后来，出现了分光光度计，建立了"分光光度法"，并且其原理早已不局限于溶液颜色深浅的比较。用光电比色计、分光光度计不仅可以客观准确地测量颜色的强度，而且还把比色分析扩大到紫外和红外吸收光谱，即扩大到无色溶液的测定。

吸光光度法是基于物质对光的选择性吸收而建立起来的分析方法，它包括比色分析法和分光光度法。由于应用的广泛性，以下主要介绍分光光度法。吸光光度法的依据是在选定波长下，被测溶液对光的吸收程度与溶液中的吸光物质的浓度有简单的定量关系。被利用的光波范围是紫外、可见和红外光区。它所测量的是物质的物理性质，测量所需的仪器是特殊的光学电子学仪器，所以光度法不属于传统的化学分析法，而属于近代的仪器分析法。吸光光度法是生产和科研部门广泛应用的一种分析方法，主要应用于测定试样中微量组分的含量。与化学分析法相比，它有一些不同于化学分析法的特点。

（1）灵敏度高

吸光光度法测定物质的浓度下限（最低浓度）一般可达 $1\% \sim 10^{-3}\%$ 的微量组分，对固体试样一般可测到 $10^{-4}\% \sim 10^{-5}\%$ 的痕量组分。如果对被测组分事先加以富集，灵敏度还可以提高 $1 \sim 2$ 个数量级。

（2）准确度较高

一般吸光光度法的相对误差为 $2\% \sim 5\%$，其准确度虽不如滴定分析法及重量法，但对微量成分来说，还是比较满意的，因为在这种情况下，滴定分析法和重量法也不够准确，甚至无法进行测定。

（3）操作简便，测定速度快

吸光光度法所用的仪器都不复杂，操作方便。先把试样处理成溶液，一般只经历显色和测量吸光度两个步骤，就可得出分析结果。

（4）应用广泛

几乎所有的无机离子和有机化合物都可直接或间接地用吸光光度法进行测定。还可用来研究化学反应的机理，例如测定溶液中配合物的组成，测定一些酸碱的解离常数等。

2. 光的一般性质

（1）光的基本性质

光，也称为光子或光量子。它是一种电磁波，又是一种微粒子，具有波粒二象性。光的波长越长，能量越低；波长越短，能量越高。

（2）电磁波谱

电磁波的范围非常广，包括 γ 射线、X 射线、紫外线、可见光、红外线、无线电波等。如果按照波长或频率排列，可得到如表 6-1 所示的电磁波谱。

表 6-1 电磁波谱

波谱名称	波长范围	分析方法	波谱名称	波长范围	分析方法
γ 射线	0.005～0.17nm	中子活化分析,莫斯鲍尔谱法	近红外	0.75～2.5m	红外光谱法
X 射线	0.1～10nm	X 射线光谱法	中红外	2.5～50m	红外光谱法
远紫外	10～200nm	真空紫外光谱法	远红外	50～1000m	红外光谱法
近紫外	200～400nm	紫外光谱法	微波	1～1000mm	微波光谱法
可见光	400～750nm	比色法,可见吸光光度法	射频	1～1000m	核磁共振光谱法

分光光度法所利用的光波范围是紫外、可见和红外光区，即通常所谓的光学区，一般是指波长从 10nm～1000m 的区域。其中，波长从 400～750nm 的光，人的眼睛是可以看见的，该波长范围的光称为可见光，该波长区域称为可见光区。在可见光区，按照波长从长到短，即从 750～400nm，不同颜色的光按红、橙、黄、绿、青、蓝、紫依次排列。

（3）单色光、复合光、互补光

所谓单色光，是指单一波长的光。所谓复合光，是指由不同波长的光组合而成的光。在可见光中，通常所说的白光是由许多不同波长的可见光组成的复合光。由红、橙、黄、绿、青、蓝、紫这些不同波长的可见光按照一定的比例混合可得到白光。进一步的研究表明，两种特定颜色的光按一定比例混合，也可以得到白光。如绿光和紫光混合，黄光和蓝光混合都可以得到白光。

因此，按照一定比例混合后能够得到白光的那两种光就称为互补光，互补光的颜色称为互补色。图6-1中，圆盘内对角线的光两两成互补关系，如黄光和蓝光互补。

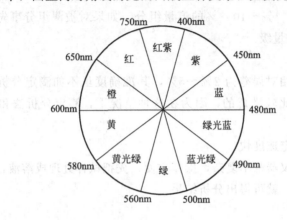

图6-1　互补色

3. 物质对光的选择性吸收

如果我们把具有不同颜色的各种物体放置在黑暗处，则什么颜色也看不到，可见物质呈现的颜色与光有着密切的关系。一种物质呈现何种颜色，是与光的组成和物质本身的结构有关的。

（1）物质对光的选择性吸收

物质的分子具有一系列不连续的特征能级，如其中的电子能级就分为能量较低的基态和能量较高的激发态。在一般情况下，物质的分子都处于能量最低的能级，只有在吸收了一定能量之后才有可能产生能级跃迁，进入能量较高的能级。

在光照射到某物质以后，该物质的分子就有可能吸收光子的能量而发生能级跃迁，这种现象就叫做光的吸收。但是并不是任何一种波长的光照射到物质上都能够被物质所吸收，这是因为物质的能级是量子化的，一定物质基态和激发态的能量差是一定的。只有当物质基态与激发态的能量差 ΔE 与光子的能量 E 相等时，即

$$\Delta E = E = h\nu = \frac{hc}{\lambda} \tag{6-1}$$

光才会被吸收。所以一定的物质只能吸收一定波长的光。由于不同物质的分子其组成与结构不同，它们所具有的特征能级不同，能级差也不同，所以不同物质对不同波长的光的吸收就具有选择性，有的能吸收，有的不能吸收。

（2）物质的颜色与吸收光的关系

当一束阳光即白光照射到某一溶液上时，如果该溶液的溶质不吸收任何波长的可见

光，则组成白光的各色光将全部透过溶液，透射光依然两两互补组成白光，所以溶液无色。如果溶质选择性地吸收了某一颜色的可见光，则只有其余颜色的光透过溶液，透射光中除了仍然两两互补的那些可见光组成的白光以外，还有未配对的被吸收光的互补光，于是溶液呈现出该互补光的颜色。也就是说，物质所吸收的光的颜色是物质所呈现颜色的互补色。例如：当白光通过 $CuSO_4$ 溶液时，Cu^{2+} 选择性地吸收了黄色光，使透过光中的蓝色光失去了其互补光，于是 $CuSO_4$ 溶液呈现出蓝色。因此，物质呈现不同的颜色是物质对光的选择性吸收的结果，一些溶液的颜色与吸收光颜色的互补对应关系如表 6-2 所示。

　　按照光的互补原理，可以用可见吸光光度法测定的溶液，必定是有色溶液。因为只有当可见光范围内某一部分的光被溶液吸收后，溶液才会呈现被吸收光的互补光的颜色。若溶液是无色的，则意味着可见光没有被吸收，便无法用可见吸光光度法进行测定。

表 6-2　溶液颜色与吸收光颜色的关系

溶液颜色	吸收光颜色	吸收光波长	溶液颜色	吸收光颜色	吸收光波长
黄绿	紫	400～450	紫	黄绿	560～580
黄	蓝	450～480	蓝	黄	580～600
橙	绿蓝	480～490	绿蓝	橙	600～650
红	蓝绿	490～500	蓝绿	红	650～750
紫红	绿	500～560			

◎【分析与思考】　有色物质的溶液为什么会有颜色？

二、吸收曲线与最大吸收波长

　　为了更深入地研究某溶液对光的选择性吸收，通常要作该溶液的吸收曲线，即该溶液对不同波长的光的吸收程度的形象化表示。吸收程度用吸光度 A 表示，后面将详细讨论。A 越大，表明溶液对某波长的光吸收越多。图 6-2 是四个不同浓度的 $KMnO_4$ 溶液的吸收曲线。从图中可以看出，在可见光范围内，$KMnO_4$ 溶液对波长 525nm 附近的绿色光有最大吸收，而对紫色和红色光则吸收很少，所以 $KMnO_4$ 溶液呈紫红色。吸收曲线中吸光度最大处的波长称为最大吸收波长 (λ_{max})，如 $KMnO_4$ 的 $\lambda_{max}=525nm$。

　　对于同一物质，当它的浓度不同时，同一波长下的吸光度 A 不同，但是最大吸收波长的位置和吸收曲线的形状不变。而对于不同物质，由于它们对不同波长的光的吸收具有选择性，因此它们的 λ_{max} 的位置和吸收曲线的形状互不相同，可

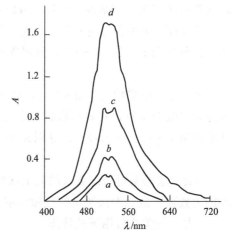

图 6-2　$KMnO_4$ 溶液
的吸收曲线

以据此进行物质的定性分析。但可见光范围的吸收曲线往往比较简单，不能排除不同的物质有相同或相似的吸收曲线和最大吸收波长的可能。因此，吸收曲线和最大吸收波长一般只能用作初步定性。

由图 6-2 可见，对同一种物质，在一定波长时，随着其浓度的增加，吸光度 A 也相应增大；而且由于在 λ_{max} 处吸光度 A 最大，在此波长下 A 随浓度的增大最为明显。所以，如果不考虑其他组分的干扰，通常可以 λ_{max} 作为入射光波长，并据此进行物质的定量分析。光度法进行定量分析的理论基础就是光的吸收定律——朗伯-比耳定律。

【做一做】 自己动手测定所给 $KMnO_4$ 溶液在 $450\sim600nm$ 的吸光度，同时绘制出其吸收曲线，并在图中找出最大吸收波长 λ_{max}。

三、光吸收的基本定律

1. 朗伯-比耳定律

当一束平行单色光通过液层厚度 b 的有色溶液时，溶质吸收了光能，光的强度就要减弱。溶液的浓度越大，通过的液层厚度越大，则光被吸收得越多，光强度的减弱也越明显。

朗伯（Lambert）和比耳（Beer）分别于 1760 年和 1852 年分别阐明了光的吸收程度与有色溶液液层厚度及溶液浓度的定量关系，二者结合称为朗伯-比耳定律，也称光的吸收定律，该定律奠定了分光光度分析法的理论基础。其表达式为：

$$A = \lg \frac{I_0}{I} = Kbc \tag{6-2}$$

式中　I_0——入射光的强度；

　　　I——透过光的强度；

　　　A——吸光度，表示物质对光的吸收程度；

　　　K——比例常数，表示物质对光的吸收能力，与吸光物质的本性、入射光的波长及温度等因素有关，与浓度 c 无关，数值随 c 选择的单位变化。

当浓度 c 的单位为 $g \cdot L^{-1}$，液层厚度 b 的单位为 cm 时，K 用 a 表示，称为吸收系数，其单位为 $L \cdot (g \cdot cm)^{-1}$，这时朗伯-比耳定律变为：

$$A = abc \tag{6-3}$$

当浓度 c 的单位为 $mol \cdot L^{-1}$，液层厚度 b 的单位为 cm 时，则 K 用另一符号 κ 表示，称为摩尔吸收系数，它表示物质的浓度为 $1mol \cdot L^{-1}$，液层厚度为 1cm 时溶液的吸光度。其单位为 $L \cdot (mol \cdot cm)^{-1}$。这时朗伯-比耳定律就变为：

$$A = \kappa bc \tag{6-4}$$

κ 表示某溶液对特定波长的光的吸收能力，κ 值愈大，表示吸光质点对某波长的光吸收能力愈强，故光度法测定的灵敏度就愈高。

a 与 κ 的关系可用下式计算：

$$\kappa = Ma \tag{6-5}$$

摩尔吸光系数 κ 的大小除了与吸光物质本身的性质有关外，还与温度和波长有关。在温度和波长一定时，κ 是常数。这表明同一吸光物质在不同波长 λ 下的 κ 值是不同的。在这些不同的 κ 之中，最大吸收波长 λ_{max} 下的摩尔吸光系数 κ_{max} 是一个重要的特征常数。它反映了该物质吸光能力可能达到的最大限度，反映了用光度法测定该物质可能达到的最大灵敏度。

由于光度法只适用于测定微量组分，像 $1mol \cdot L^{-1}$ 这样高浓度溶液的吸光度很难用光度法直接测得，而确定 κ 值只能在较低浓度下测 A，然后计算 κ 值。

分析化学手册都列有常见的吸光物质在水溶液中的 κ_{max} 值。对不同吸光物质来说，κ_{max} 越大，表明物质对光的吸收能力越强，用光度法测定该物质的灵敏度也越高。在写摩尔吸光系数时，应在下角注上其吸收波长大小。如：邻二氮菲亚铁配合物 $\kappa_{510nm} = 1.1 \times 10^4 L \cdot (mol \cdot cm)^{-1}$。一般认为，如果 $\kappa_{max} \geqslant 10^4$，则用光度法测定具有较高的灵敏度；$\kappa_{max} \leqslant 10^3$ 则为不灵敏，不宜用光度法进行测定。

在吸光光度法中，有时也用透射比 T 来表示物质吸收光的能力大小，透射比 T 是透射光强度 I 与入射光强度 I_0 之比，即：

$$T = \frac{I}{I_0} \tag{6-6}$$

所以：

$$A = \lg \frac{1}{T} = -\lg T \tag{6-7}$$

在光度仪器上，透射比一般是以百分透射比 $T\%$ 表示。

【分析与思考】 符合朗伯-比耳定律的有色物质的浓度增加后，最大吸收波长 λ_{max}、透射比 T、吸光度 A 和摩尔吸光系数 κ 有何变化？

【练一练】 已知 Fe^{2+} 浓度为 $5.0 \times 10^{-4} g \cdot L^{-1}$ 的溶液，用邻二氮菲显色后生成橙红色化合物，该化合物在波长 $508nm$ 处，用 $2cm$ 的比色皿测得其吸光度 $A = 0.19$，计算此化合物的 α 和 κ。

2. 偏离朗伯-比耳定律的原因

根据朗伯-比耳定律，若固定液层厚度和入射光波长，吸光度 A 与吸光物质的浓度 c 成正比。在光度分析中，通常固定液层厚度和入射光波长，测定一系列不同浓度标准溶液的吸光度，以吸光度 A 为纵坐标，标准溶液浓度 c 为横坐标作图，应得到一条通过坐标原点的直线，该直线称为标准曲线或工作曲线。但在实际工作中，特别是在溶液浓度大时，常常遇到偏离线性关系的现象，即曲线向下或向上发生弯曲，产生负偏离或正偏离，如图 6-3 所示。偏离朗伯-比耳定律的因素很多，但基本上可以分为物理方面的因素和化学方面的因素两大类。

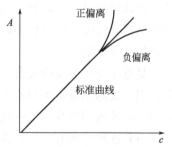

图 6-3 偏离朗伯-比耳定律
示意图

（1）物理因素

① 非单色光所引起的偏离 严格地讲，朗伯-比耳定律只对一定波长的单色光才成立。在光度分析仪器中使用的是连续光源，由单色器分光，用狭缝控制光谱带的密度，因而投射到吸收溶液的入射光，常常是一个有限宽度的光谱带，而不是真正的单色光。那么在这种情况下，吸光度与浓度并不完全成直线关系，因而导致了对朗伯-比耳定律的偏离。

　　② 非平行入射光引起的偏离　非平行入射光将导致光束的平均光程 b' 大于吸收池的厚度 b，实际测得的吸光度将大于理论值。

　　③ 介质不均匀性引起的偏离　朗伯-比耳定律是建立在均匀、非散射基础上的一般规律。如果介质不均匀，呈胶体、乳浊、悬浮状态存在，则入射光除了被吸收之外，还会有反射、散射作用。在这种情况下，物质的吸光度比实际的吸光度大得多，必然要导致对朗伯-比耳定律的偏离。

　　（2）化学因素

　　① 溶液浓度过高引起的偏离　朗伯-比耳定律是建立在吸光质点之间没有相互作用的前提下。但当溶液浓度较高时，吸光物质的分子或离子间的平均距离减小，从而改变了物质对光的吸收能力，即改变了物质的摩尔吸光系数。浓度增加，相互作用增强，导致在高浓度范围内摩尔吸光系数不恒定而使吸光度与浓度之间的线性关系被破坏。所以，朗伯-比耳定律一般只适用于稀溶液。

　　② 化学变化所引起的偏离　溶液中吸光物质常因解离、缔合、形成新的化合物或在光照射下发生互变异构等，从而破坏了平衡浓度与分析浓度之间的正比关系，也就破坏了吸光度与分析浓度之间的线性关系，产生了对朗伯-比耳定律的偏离。

　　◎【分析与思考】　绘制吸收曲线和工作曲线的意义何在？

任务二　水溶液中染料浓度的测定

一、显色反应和显色条件的选择

1. 显色反应

　　吸光光度法测定的待测组分必须是有色的，对那些无色或颜色较浅的组分，需要选择适当的试剂与其反应，使之成为有色化合物，然后再进行测定。在光度分析法中，将试样中被测组分转变成有色化合物的化学反应叫显色反应，与待测组分反应生成有色化合物的试剂称作显色剂。

　　显色反应可分成两大类，即配位反应和氧化还原反应，而配位反应是最主要的显色反应。同一被测组分常可与若干种显色剂反应，生成多种有色化合物，其原理和灵敏度亦有差别。一种被测组分究竟应该用哪种显色反应，可根据所需标准加以选择。

　　（1）选择性要好。一种显色剂最好只与一种被测组分发生显色反应，或者干扰离子容易被消除，或者显色剂与被测组分和干扰离子生成的有色化合物的吸收峰相隔较远。

　　（2）灵敏度要高。灵敏度高的显色反应有利于微量组分的测定。灵敏度的高低，可从摩尔吸光系数值的大小来判断（但灵敏度高的同时应注意选择性）。

　　（3）有色化合物的组成应恒定，化学性质要稳定。有色化合物的组成若不符合一定的化学式，测定的再现性就较差。有色化合物若易受空气的氧化、光的照射而分解，就会引入测量误差。

　　（4）显色剂和有色化合物之间的颜色差别要大。这样，试剂空白一般较小。一般要求有色化合物的最大吸收波长与显色剂最大吸收波长之差（称为对比度）在 60nm 以上。

（5）显色反应的条件要易于控制。如果条件要求过于严格，难以控制，测定结果的再现性就差。

2. 显色反应条件的选择

显色反应的进行是有条件的，只有控制适宜的反应条件才能使显色反应按预期方式进行，才能达到利用光度法对待测离子进行测定的目的，因此显色反应条件的选择是十分重要的。适宜的反应条件（如显色剂的用量、溶液的酸度、时间和温度、有机溶剂等）主要是通过实验或查阅有关文献来确定。

二、测量条件的选择

选择适当的测量条件，是获得准确测定结果的重要途径。选择适合的测量条件，可从下列几个方面考虑。

1. 入射波长的选择

由于有色物质对光有选择性吸收，为了使测定结果有较高的灵敏度和准确度，通常选择溶液具有最大吸收时的波长。这是因为在此波长处，摩尔吸光系数最大，测定的灵敏度高，而且在此波长处吸光度有一较小的平坦区，能够减小或消除由于单色光的不纯而引起的对朗伯-比耳定律的偏离，提高测量的准确度。

如果有干扰时，则根据干扰最小、吸光度尽可能大的原则选择测量波长，就能获得满意的测定结果。

例如图 6-4，由 $KMnO_4$-$K_2Cr_2O_7$ 的吸收曲线可知，$KMnO_4$ 的最大吸收波长为 525nm，而此时 $K_2Cr_2O_7$ 对此波长也有吸收，如果要在 $K_2Cr_2O_7$ 存在下测定 $KMnO_4$，就应选波长为 545nm 的光作为入射光，尽管这样灵敏度有所降低，但消除了 $K_2Cr_2O_7$ 的干扰，提高了测定的选择性和准确度。

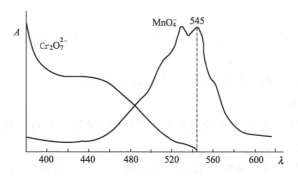

图 6-4　$KMnO_4$-$K_2Cr_2O_7$ 的吸收曲线

2. 吸光度范围的控制

由于吸光度的标尺是非等刻度的，在不同的吸光度范围，实验测得的吸光度的读数误差是不同的，由此引起的待测物质的浓度也是不同的。因此，应该存在一个合适的吸光度读数范围，在这个范围内，由吸光度的读数误差引起的待测物质的浓度误差是比较小的。由数学推导可得，吸光度在 0.2～0.8（即透射比为 15%～65%）时，测量的准确度较高。为此可以从下列几方面想办法。

① 计算而且控制试样的称出量。含量高时，少取样，或稀释试液；含量低时，可多取样，或萃取富集。

② 如果溶液已显色，则可通过改变比色皿的厚度来调节吸光度大小。

3. 参比溶液的选择

在光度分析中，总是将待测溶液盛入可透光的比色皿中测量吸光度。为了抵消比色皿对入射光的吸收、反射以及溶剂、试剂等对入射光的吸收、散射等因素，在实际测量溶液吸光度时，应是取光学性质相同、厚度相等的比色皿，分别盛待测溶液和参比溶液（一般为不含待测组分的试剂溶液）。先调节仪器，使透过盛参比溶液的比色皿的吸光度为零，从而消除了比色皿和试剂对光吸收的影响。这时再测量试液的吸光度，实际上便是把通过参比溶液比色皿的光强作为入射光的强度了。此时，

$$A = \lg \frac{I_{参比}}{I} = \kappa b c \tag{6-8}$$

式(6-8)意味着，在实际测定中，A 与待测组分浓度之间的关系遵循朗伯-比耳定律，不再受反射和其他吸收的影响。

在实际操作时，选两个材料、光学性质及几何形状均完全相同的比色皿，其中一个放参比溶液作参比池，另一个放待测试液作测量池。实验分两步进行：第一步，以一定强度的入射光透过参比池，调节仪器的吸光度为零（相当于仪器测出并记忆 $I_{参比}$）；第二步，以相同的入射光透过测量池，仪器直接显示吸光度 A [相当于仪器测出 I，并以 $A = \lg$ $(I_{参比}/I)$ 显示吸光度]，由此测出的吸光度已经消除了反射和其他吸收的影响。

参比溶液是用来调节仪器工作零点的，若参比溶液选得不适当，则对测量读数准确度的影响较大。选择参比溶液的总原则是：参比溶液中应包含试液中除待测组分（或待测组分与显色剂生成的有色化合物）外的其他所有的吸光物质。参比溶液的选择具体有以下四种情况。

① 若仅有待测组分（或待测组分与显色剂生成的有色化合物）对入射光有吸收，可用纯溶剂（如蒸馏水）作参比液。

② 当试液无吸收，而显色剂或其他试剂在测定波长处有吸收时，可用不加试样的"试剂空白"作参比液。

③ 待测溶液本身在测定波长处有吸收，而显色剂等无吸收，则采用不加显色剂的"试样空白"作参比液。

④ 如果显色剂和试液在测定波长处均有吸收，可将一份试液加入适当掩蔽剂，将被测组分掩蔽起来，使之不再与显色剂作用，然后把显色剂、试剂均按操作手续加入，以此做参比溶液，这样可以消除一些共存组分的干扰。

此外，对于比色皿的厚度、透光率、仪器波长，读数刻度等应进行校正，对比色皿放置位置、光电池的灵敏度等也应注意检查。

三、722 型分光光度计的使用

分光光度计的型号较多，如 721 型、722 型、752 型等，下面以实验室常用的 722 型分光光度计为例介绍其使用方法。

1. 主要结构

722型分光光度计是在72型基础上改进而成的，采用衍射光栅取得单色光，以光电管为光电转换元件，用数字显示器直接显示测定数据，因而它的波长范围比72型宽，灵敏度提高，使用方便。主要结构见图6-5。

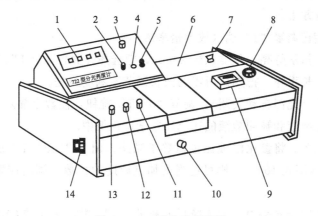

图6-5　722型分光光度计

1—数字显示器；2—吸光度调零旋钮；3—选择开关；4—吸光度调斜率电位器；5—浓度旋钮；

6—光源室；7—电源开关；8—波长手轮；9—波长读数窗；10—试样架拉手；

11—100％T旋钮；12—0％T旋钮；13—灵敏度调节旋钮；14—干燥器

2. 仪器的光学系统

722型分光光度计光学系统示意图如图6-6。

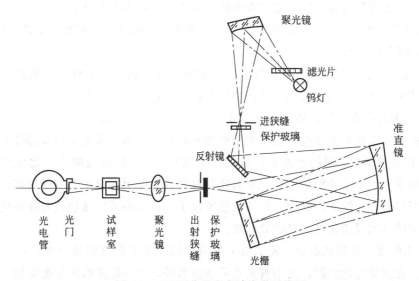

图6-6　722型分光光度计光学系统图

钨灯发出的连续辐射经滤光片选择，聚光镜聚光后从进狭缝投向单色器，进狭缝正好处在聚光镜及单色器内准直镜的焦平面上，因此进入单色器的复合光通过平面反射镜反射及准直镜准直变成平行光射向色散元件光栅，光栅将入射的复合光通过衍射作用按照一定顺序均匀排列成连续单色光谱。此单色光谱重新回到准直镜上，由于仪器出射狭缝设置在准直镜的焦平面上，这样，从光栅色散出来的光谱经准直镜后利用聚光原理成像在出射狭缝上，出射狭缝选出指定带宽的单色光通过聚光镜落在试样室被测试样中心，试样吸收后透射的光经光门射向光电管阴极面，由光电管产生的光电流经微电流放大器、对数放大器放大后，在数字显示器上直接显示出试样溶液的透射率、吸光度或浓度数值。

3. 仪器的使用方法

① 将灵敏度旋钮调置"1"档（放大倍率最小）。

② 开启电源，指示灯亮，仪器预热 20min，把选择开关置于"T"。

③ 旋动仪器波长手轮，把测试所需的波长调节至刻度线处。

④ 打开试样室（光门自动关闭），调节"0％T"旋钮，使数字显示为"000.0"。

⑤ 将装有参比溶液和被测溶液的比色皿置于比色架中。

⑥ 盖上试样室盖，将参比溶液比色皿置于光路，调节"100％T"旋钮，使数字显示 T 为 100.0［若显示不到 100.0，则可适当增加灵敏度的挡数，同时应重复（3），调整仪器的"000.0"］。

⑦ 将被测溶液置于光路中，把选择开关置于"A"，数字表上直接读出被测溶液的吸光度（A）值。

4. 注意事项

① 装试样溶液的试样室为玻璃比色皿（适用于可见光）或石英比色皿（适用于紫外光和可见光）。每台仪器所配套的比色皿不能与其他仪器上的比色皿单个调换。

② 当仪器工作不正常时，如数字表无亮光、电源灯不亮、开关指示灯无信号等，应检查仪器后盖保险丝是否损坏，然后查电源线是否接通，再查电路。

③ 仪器要接地良好。本仪器数字显示后背部带有外接插座，可输出模拟信号。插座 1 脚为正，2 脚为负接地线。

④ 仪器左侧下脚有一只干燥剂筒，实验室内也有硅胶，应保持其干燥性，发现变色立即更新或加以烘干再用。当仪器停止使用后，也应该定期更新烘干。

⑤ 为了避免仪器积灰和沾污，在停止工作时，用套子罩住整个仪器，在套子内应放数袋防潮硅胶，以免灯室受潮，使反射镜镜面有霉点或沾污，从而影响仪器性能。

⑥ 要注意保护比色皿的透光面，勿使产生斑痕，否则影响透射率。比色皿放入比色皿架前应用吸水纸吸干外壁的水珠，拿取比色皿时，只能用手捏住毛玻璃的两面。比色皿每次使用完毕后，应洗净，吸干，放回比色皿盒子内。切不可用碱溶液和强氧化剂洗比色皿，以免腐蚀玻璃或使比色皿粘结处脱胶。

⑦ 若大幅度改变测试波长，需等数分钟后才能正常工作（因波长由长波向短波或反之移动时，光能量变化急剧，光电管受光后响应迟缓，需一段光响应平衡时间）。

⑧ 仪器工作数月或搬动后，要检查波长精度和吸光度精度等，以确保仪器的使用和测定精度。

◎【课外充电】　查阅相关文献资料，学习 T6 新世纪紫外可见分光光度计和 UV1801 紫外-可见分光光度计的使用方法，并到实验室练习使用。

【实践操作】

水溶液中染料浓度的测定

1. 试剂和仪器

试剂：活性红 X-3B 标准储备溶液 $1g \cdot L^{-1}$，活性红 X-3B 标准使用溶液 $0.1 \cdot L^{-1}$（用移液管准确移取上述染料标准溶液 25.00mL 置于 250mL 容量瓶中，并加水稀释至刻度，摇匀。）

仪器：722 型分光光度计，容量瓶（1L、250mL、50mL），移液管（25mL），吸量管（5mL、10mL）

2. 测定步骤

将上述活性红 X-3B 标准使用溶液分别按 0.0mL、2.0mL、5.0mL、10.0mL、15.0mL、20.0mL、25.0mL 依次放入到另外 $0^{\#} \sim 6^{\#}$ 50mL 容量瓶中并加水稀释至刻度，摇匀，待测其吸光度。

（1）吸收曲线的绘制

取 $3^{\#}$ 染液，用 1cm 比色皿，以纯溶剂为参比溶液，于 722 型分光光度计中，在波长范围为 440～640nm 内每隔 10nm 测定吸光度，然后以波长为横坐标，所测 A 值为纵坐标，绘制吸收曲线，并找出最大吸收峰的波长，以 λ_{max} 表示。

（2）标准曲线的绘制

当染料的最大吸收波长 λ_{max} 确定后，在最大吸收波长下分别测定 $1^{\#} \sim 6^{\#}$ 已知浓度染液的吸光度，然后以染液浓度为横坐标，以吸光度 A 为纵坐标，绘制标准曲线。

（3）未知染液的测定

另取 3 只 50mL 容量瓶，分别加入 10.00mL（或 20.00mL，染料含量以在标准曲线范围内为宜）未知染液溶液，稀释到刻度。在 λ_{max} 处，用 1cm 比色皿，以纯溶剂为参比液，平行测定 A 值。求出 A 的平均值，在标准曲线上查出染料的质量，计算未知染液的浓度。

3. 数据记录与处理

（1）活性红染料吸收曲线

波长 λ/nm	440	460	480	500	520	540
吸光度 A						
波长 λ/nm	560	580	600	620	640	
吸光度 A						

（2）活性红染料标准曲线

容量瓶编号	$0^{\#}$	$1^{\#}$	$2^{\#}$	$3^{\#}$	$4^{\#}$	$5^{\#}$	$6^{\#}$
$V_{铁标液}$/mL	0.00	2.00	5.00	10.00	15.00	20.00	25.00
染料质量浓度/$\mu g \cdot mL^{-1}$							
吸光度 A							

（3）染料含量的测定

容量瓶编号	1#	2#	3#
$V_{试样}$/mL			
吸光度 A			
A 的平均值			
水溶液中染料质量浓度/$\mu g \cdot mL^{-1}$			

🌀 【分析与思考】

(1) 吸收曲线和标准曲线分别是如何测定绘制的？有何区别？

(2) 若测定过程中发现，测得的 1#～6# 已知浓度染液的吸光度超出了适宜的范围，该如何处理？

──────────── 【练习与测试】 ────────────

一、问答题

1. 有色物质的溶液为什么会有颜色？

2. 朗伯-比耳定律的物理意义是什么？它对吸光度分析有何重要意义？

3. 什么是吸光度、透射比？二者之间有何关系？

4. 摩尔吸光系数的物理意义是什么？它和哪些因素有关？

5. 绘制吸收曲线和工作曲线的意义何在？

6. 测量吸光度时，应如何选择参比溶液？

7. 符合朗伯-比耳定律的有色物质的浓度增加后，最大吸收波长 λ_{max}、透射比 T、吸光度 A 和摩尔吸光系数 κ 有何变化？

二、单选题

1. 摩尔吸光系数很大，说明（　　）。

　A. 该物质的浓度很大　　　　　　　B. 光通过该物质溶液的光程长

　C. 该物质对某波长光的吸收能力强　D. 测定该物质的方法的灵敏度低

2. 邻二氮菲分光光度法测定水中微量铁的实验中，参比溶液是（　　）。

　A. 纯溶剂　　　　B. 试剂空白　　　　C. 试样空白　　　　D. 水

3. 当吸光度 $A=0$ 时，$T(\%)$ 为（　　）。

　A. 0　　　　　　B. 10　　　　　　C. 100　　　　　　D. ∞

4. 在分光光度法中，宜选用的吸光度读数范围为（　　）。

　A. 0～0.2　　　　B. 0.1～∞　　　　C. 1～2　　　　　D. 0.2～0.8

5. 用 722 型分光光度计作定量分析的理论基础是（　　）。

　A. 欧姆定律　　　　　　　　　　　B. 等物质的量反应规则

　C. 库仑定律　　　　　　　　　　　D. 朗伯-比尔定律

6. 人眼能感觉到的光称为可见光，其波长范围是（　　）。

　A. 400～760nm　　B. 200～400nm　　C. 200～1000nm　　D. 400～1000nm

7. 物质的颜色是由于选择吸收了白光中的某些波长的光所致。$CuSO_4$ 溶液呈现蓝色视由于它吸收白光中的（   ）。

    A. 蓝色光波   B. 绿色光波   C. 黄色光波   D. 青色光波

8. 符合吸收定律的溶液稀释时，其最大吸收峰波长位置（   ）。

    A. 向长波移动   B. 向短波移动   C. 不移动   D. 不移动，吸收峰值降低

9. 在分光光度法中，运用朗伯-比尔定律进行定量分析采用的入射光为（   ）。

    A. 白光   B. 单色光   C. 可见光   D. 紫外光

三、计算题

1. 某试液用 2cm 的比色皿测得 $T=60\%$，若改用 1cm 的比色皿或 3cm 的比色皿，则 T 及 A 分别等于多少？

2. 有一有色溶液，用 1.0cm 吸收池在 527nm 处测得其透光率 $T=60\%$，如果浓度加倍，则 （1） T 值为多少？（2） A 值为多少？

3. 50mL 含 Cd^{2+} 5.0μg 的溶液，用显色剂显色后，于 428nm 波长，用 0.5cm 比色皿测得 $A=0.46$，求摩尔吸光系数。

4. 某化合物的最大吸收波长 $\lambda_{max}=280nm$，光线通过该化合物的 $1.0\times10^{-5} mol \cdot L^{-1}$ 溶液时，透射比为 50%（用 2cm 吸收池），求该化合物在 280nm 处的摩尔吸收系数。

5. 以丁二酮肟光度法测定镍，若镍合物的浓度为 $1.7\times10^{-5} moL \cdot L^{-1}$，用 2.0cm 比色皿在 470nm 波长下测得的透射比为 30.0%。计算配合物在该波长下的摩尔吸光系数。

6. 以邻二氮菲光度法测定二价铁，称取试样 0.5000g，经处理后，加入显色剂，最后定容为 50.00mL，用 1.0cm 比色皿在 510nm 波长下测得吸光度 $A=0.430$，计算试样中铁的百分含量。当溶液稀释一倍后透射比是多少？（$\kappa_{510nm}=1.1\times10^{4}$）

7. 用邻二氮菲法测定 Fe^{3+} 含量。用浓度为 $2.5\times10^{-3} mol \cdot L^{-1} Fe^{3+}$ 标准溶液显色后在 510nm，用 1.0cm 比色皿测得吸光度 $A=0.43$，若在同样条件测未知液的吸光度 $A_x=0.62$，求未知液的 Fe^{3+} 浓度 c_x。

8. 利用生成丁二酮肟镍比色测定镍。标准镍溶液浓度为 $10μg \cdot mL^{-1}$。为了绘制工作曲线，吸取标准溶液及有关试剂后，于 100mL 容量瓶中稀释至刻度，测得下列数据：

标准镍溶液体积/mL	0.0	2.0	4.0	6.0	8.0	10.0
吸光度 A	0.0	0.120	0.234	0.350	0.460	0.590

现测定含镍矿渣中镍的含量。称取试样 0.6261g，分解后移入 100mL 容量瓶，吸取 2.0mL 试液置于 100mL 容量瓶中，在与工作曲线相同条件下显色，测得溶液的吸光度 $A=0.300$，画出工作曲线并求矿渣中镍的质量分数。

综合训练实施方案

工作任务一	印染厂常用化学试剂的快速测定
训练目标	1. 进一步熟练酸碱滴定、氧化还原滴定的原理和操作 2. 学会染整车间快速测定酸、碱含量的方法 3. 学会快速测定氧漂液中 H_2O_2 的含量
教学地点	化学实训室
教学设计与组织	1. 资讯：教师向学生下达工作任务，发给实训任务单。以酸洗液中 H_2SO_4 含量的快速测定为例，说明印染厂常用化学试剂的快速测定方法
	2. 决策：学生分组讨论，查阅必要的学习资料，明确酸洗液中 H_2SO_4 含量的快速测定方法
	3. 计划：熟悉方案，按小组讨论测定酸洗液中 H_2SO_4 含量的具体方法和步骤，确定实训方案，并填写实训任务单。每天实训前，按小组汇报本组的实训方案，经老师同意后方可实施
	4. 实施：学生各自分头实验，按照训练要求在规定的时间内完成测定工作，小组成员对各自的测定结果进行交流、讨论
	5. 检查：独立完成相关的数据处理工作，对于实验数据误差较大的学生，从各方面查找原因，进行误差的分析，并反馈给教师和其他同学，排除问题后重新进行分析测定
	6. 评估：完成任务后提交实训任务单，各组长对本组同学的实验情况进行汇报和评价，然后指导老师对本次综合训练进行归纳总结和点评
学习重点和难点	1. 染厂酸碱含量如何实现快速测定 2. 测定过程中指示剂的选择 3. 染厂双氧水含量如何实现快速测定 4. 总结出快速测定的一般步骤
工作任务二	混合碱的分析及含量测定
训练目标	1. 能配制一定浓度的 HCl 标准溶液 2. 掌握用双指示剂法测定混合碱含量的方法 3. 根据测定结果判断混合碱样品的成分，并计算各组分含量 4. 了解酸碱滴定法在碱度测定中的应用
教学地点	化学实训室
教学设计与组织	1. 资讯：教师向学生下达工作任务，发给实训任务单
	2. 决策：学生分组讨论，查阅必要的学习资料，明确混合碱的组成及含量的测定方法
	3. 计划：熟悉方案，按小组讨论测定混合碱的具体方法和步骤，确定实训方案，并填写实训任务单。每天实训前，按小组汇报本组的实训方案，经老师同意后方可实施
	4. 实施：学生各自分头实验，按照训练要求在规定的时间内完成测定工作，小组成员对各自的测定结果进行交流、讨论
	5. 检查：独立完成相关的数据处理工作，对于实验数据误差较大的学生，从各方面查找原因，进行误差的分析，并反馈给教师和其他同学，排除问题后重新进行分析测定
	6. 评估：完成任务后提交实训任务单，各组长对本组同学的实验情况进行汇报和评价，然后指导老师对本次综合训练进行归纳总结和点评
学习重点和难点	1. "双指示剂法"测定的原理 2. 测定时如何减少空气中 CO_2 的影响 3. 如何根据实验结果确定混合碱的组成 4. 混合碱含量的确定 5. 终点颜色的判断

续表

工作任务三	漂液中有效氯含量的测定
训练目标	1. 学会硫代硫酸钠标准溶液的配制 2. 明确碘量法的测定原理和过程 3. 熟悉用硫代硫酸钠标准溶液测定漂液中有效氯含量的原理和方法。 4. 通过实训,总结出漂液中有效氯含量的快速测定方法
教学地点	化学实训室
教学设计与组织	1. 资讯:教师向学生下达工作任务,发给实训任务单
	2. 决策:学生分组讨论,查阅必要的学习资料,明确漂液中有效氯含量的测定方法
	3. 计划:熟悉方案,按小组讨论漂液中有效氯含量的具体测定方法和步骤,确定实训方案,并填写实训任务单。每天实训前,按小组汇报本组的实训方案,经老师同意后方可实施
	4. 实施:学生各自分头实验,按照训练要求在规定的时间内完成测定工作,小组成员对各自的测定结果进行交流、讨论
	5. 检查:独立完成相关的数据处理工作,对于实验数据误差较大的学生,从各方面查找原因,进行误差的分析,并反馈给教师和其他同学,排除问题后重新进行分析测定
	6. 评估:完成任务后提交实训任务单,各组长对本组同学的实验情况进行汇报和评价,然后指导老师对本次综合训练进行归纳总结和点评
学习重点和难点	1. 如何正确配制硫代硫酸钠标准溶液 2. 间接碘量法中溶液酸度的控制 3. 淀粉指示剂的正确使用 4. 终点的正确判断 5. 碘量法的误差控制
工作任务四	水中钙、镁含量的测定
训练目标	1. 知道水的硬度表示方法 2. 能独立完成 EDTA 标准溶液的配制和标定 3. 知道 EDTA 法测定水硬度的原理 4. 了解缓冲溶液的作用和配置方法 5. 比较水中总硬度测定和钙、镁含量测定的差异
教学地点	化学实训室
教学设计与组织	1. 资讯:教师向学生下达工作任务,发给实训任务单
	2. 决策:学生分组讨论,查阅必要的学习资料,明确水中钙、镁含量的测定方法
	3. 计划:熟悉方案,按小组讨论水中钙、镁含量的具体测定方法和步骤,确定实训方案,并填写实训任务单。每天实训前,按小组汇报本组的实训方案,经老师同意后方可实施
	4. 实施:学生各自分头实验,按照训练要求在规定的时间内完成测定工作,小组成员对各自的测定结果进行交流、讨论
	5. 检查:独立完成相关的数据处理工作,对于实验数据误差较大的学生,从各方面查找原因,进行误差的分析,并反馈给教师和其他同学,排除问题后重新进行分析测定
	6. 评估:完成任务后提交实训任务单,各组长对本组同学的实验情况进行汇报和评价,然后指导老师对本次综合训练进行归纳总结和点评
学习重点和难点	1. 钙镁含量的测定方法 2. 配位滴定过程中酸度的控制 3. 测定钙含量时如何保证镁完全沉淀 4. 金属指示剂的使用条件 5. 缓冲溶液的配制

续表

工作任务五	邻二氮菲分光光度法测定微量铁
训练目标	1. 掌握邻二氮菲分光光度法测定铁的原理和方法 2. 熟悉绘制吸收曲线的方法,正确选择测定波长 3. 能根据实验数据制作标准曲线 4. 通过实训,掌握722型分光光度计的正确使用方法,并认识该仪器的主要构造。 5. 通过标准曲线法,学会测定如染料等有色物质的含量
教学地点	仪器分析实训室
教学设计与组织	1. 资讯:教师向学生下达工作任务,发给实训任务单 2. 决策:学生分组讨论,查找相关国家标准,明确邻二氮菲分光光度法测定微量铁的方法 3. 计划:熟悉方案,按小组讨论邻二氮菲分光光度法测定微量铁的具体方法和步骤,确定实训方案,并填写实训任务单。每天实训前,按小组汇报本组的实训方案,经老师同意后方可实施 4. 实施:学生各自分头实验,按照训练要求在规定的时间内完成测定工作,小组成员对各自的测定结果进行交流、讨论 5. 检查:独立完成相关的数据处理工作,对于实验数据误差较大的学生,从各方面查找原因,进行误差的分析,并反馈给教师和其他同学,排除问题后重新进行分析测定 6. 评估:完成任务后提交实训任务单,各组长对本组同学的实验情况进行汇报和评价,然后指导老师对本次综合训练进行归纳总结和点评
学习重点和难点	1. 分光光度计的使用 2. 参比溶液的选择 3. 最大吸收波长的确定 4. 测定过程中如何保证吸光度在合适的范围内 5. 对铁样的处理

附　录

附录Ⅰ　常见难溶电解质的溶度积常数 $K_{sp}^{\ominus}$（298.15K）

难溶电解质	$K_{sp}^{\ominus}$	难溶电解质	$K_{sp}^{\ominus}$
AgCl	1.77×10^{-10}	$Fe(OH)_2$	4.87×10^{-17}
AgBr	5.35×10^{-13}	$Fe(OH)_3$	2.64×10^{-39}
AgI	8.51×10^{-17}	FeS	1.59×10^{-19}
Ag_2CO_3	8.45×10^{-12}	Hg_2Cl_2	1.45×10^{-18}
Ag_2CrO_4	1.12×10^{-12}	HgS(黑)	6.44×10^{-53}
Ag_2SO_4	1.20×10^{-5}	$MgNH_4PO_4$	2.5×10^{-13}
$Ag_2S(\alpha)$	6.69×10^{-50}	$MgCO_3$	6.82×10^{-6}
$Ag_2S(\beta)$	1.09×10^{-49}	$Mg(OH)_2$	5.61×10^{-12}
$Al(OH)_3$	2×10^{-33}	$Mn(OH)_2$	2.06×10^{-13}
$BaCO_3$	2.58×10^{-9}	MnS	4.65×10^{-14}
$BaSO_4$	1.07×10^{-10}	$Ni(OH)_2$	5.47×10^{-16}
$BaCrO_4$	1.17×10^{-10}	NiS	1.07×10^{-21}
$CaCO_3$	4.96×10^{-9}	$PbCl_2$	1.17×10^{-5}
$CaC_2O_4 \cdot H_2O$	2.34×10^{-9}	$PbCO_3$	1.46×10^{-13}
CaF_2	1.46×10^{-10}	$PbCrO_4$	1.77×10^{-14}
$Ca_3(PO_4)_2$	2.07×10^{-33}	PbF_2	7.12×10^{-7}
$CaSO_4$	7.10×10^{-5}	$PbSO_4$	1.82×10^{-8}
$Cd(OH)_2$	5.27×10^{-15}	PbS	9.04×10^{-29}
CdS	1.40×10^{-29}	PbI_2	8.49×10^{-9}
$Co(OH)_2$(桃红)	1.09×10^{-15}	$Pb(OH)_2$	1.42×10^{-20}
$Co(OH)_2$(蓝)	5.92×10^{-15}	$SrCO_3$	5.60×10^{-10}
$CoS(\alpha)$	4.0×10^{-21}	$SrSO_4$	3.44×10^{-7}
$CoS(\beta)$	2.0×10^{-25}	$Sn(OH)_2$	5.45×10^{-27}
$Cr(OH)_3$	7.0×10^{-31}	$ZnCO_3$	1.19×10^{-10}
CuI	1.27×10^{-12}	$Zn(OH)_2(\gamma)$	6.68×10^{-17}
CuS	1.27×10^{-36}	ZnS	2.93×10^{-25}

附录Ⅱ　标准电极电势（298.15K）

一、在酸性溶液中

电　极　反　应	$\varphi^{\ominus}/V$	电　极　反　应	$\varphi^{\ominus}/V$
$Li^+ + e \Longrightarrow Li$	-3.0401	$S_4O_6^{2-} + 2e \Longrightarrow 2S_2O_3^{2-}$	0.08
$Rb^+ + e \Longrightarrow Rb$	-2.98	$S + 2H^+ + 2e \Longrightarrow H_2S(aq)$	0.142
$K^+ + e \Longrightarrow K$	-2.9315	$Sn^{4+} + 2e \Longrightarrow Sn^{2+}$	0.151
$Cs^+ + e \Longrightarrow Cs$	-2.92	$Cu^{2+} + e \Longrightarrow Cu^+$	0.153
$Ba^{2+} + 2e \Longrightarrow Ba$	-2.912	$SO_4^{2-} + 4H^+ + 2e \Longrightarrow H_2SO_3 + H_2O$	0.172
$Sr^{2+} + 2e \Longrightarrow Sr$	-2.89	$AgCl + e \Longrightarrow Ag + Cl^-$	0.22233
$Ca^{2+} + 2e \Longrightarrow Ca$	-2.868	$Hg_2Cl_2 + 2e \Longrightarrow 2Hg + 2Cl^-$	0.26808
$Na^+ + e \Longrightarrow Na$	-2.71	$Cu^{2+} + 2e \Longrightarrow Cu$	0.3419
$La^{3+} + 3e \Longrightarrow La$	-2.522	$Cu^{2+} + 2e \Longrightarrow Cu(Hg)$	0.345
$Ce^{3+} + 3e \Longrightarrow Ce$	-2.483	$Fe(CN)_6^{3-} + e \Longrightarrow Fe(CN)_6^{4-}$	0.358
$Mg^{2+} + 2e \Longrightarrow Mg$	-2.372	$Ag_2CrO_4 + 2e \Longrightarrow 2Ag + CrO_4^{2-}$	0.4470
$Y^{3+} + 3e \Longrightarrow Y$	-2.372	$H_2SO_3 + 4H^+ + 4e \Longrightarrow S + 3H_2O$	0.449
$AlF_6^{3-} + 3e \Longrightarrow Al + 6F^-$	-2.069	$Ag_2C_2O_4 + 2e \Longrightarrow 2Ag + C_2O_4^{2-}$	0.4647
$Be^{2+} + 2e \Longrightarrow Be$	-1.847	$NO_3^- + 4H^+ + 3e \Longrightarrow NO + 2H_2O$	0.957
$Al^{3-} + 3e \Longrightarrow Al$	-1.662	$HNO_2 + H^+ + e \Longrightarrow NO + H_2O$	0.983
$SiF_6^{3-} + 3e \Longrightarrow Si + 6F^-$	-1.24	$Br_2(l) + 2e \Longrightarrow 2Br^-$	1.066
$Mn^{2+} + 2e \Longrightarrow Mn$	-1.185	$IO_3^- + 6H^+ + 6e \Longrightarrow I^- + 3H_2O$	1.085
$Cr^{2+} + 2e \Longrightarrow Cr$	-0.913	$Cu^{2+} + 2CN^- + e \Longrightarrow Cu(CN)_2^-$	1.103
$H_3BO_3 + 3H^+ + 3e \Longrightarrow B + 3H_2O$	-0.8698	$ClO_4^- + 2H^+ + 3e \Longrightarrow ClO_3^- + H_2O$	1.189
$Zn^{2+} + 2e \Longrightarrow Zn(Hg)$	-0.7628	$2IO_3^- + 12H^+ + 10e \Longrightarrow I_2 + 6H_2O$	1.195
$Zn^{2+} + 2e \Longrightarrow Zn$	-0.7618	$ClO_3^- + 3H^+ + 2e \Longrightarrow HClO_2 + H_2O$	1.214
$Cr^{3+} + 3e \Longrightarrow Cr$	-0.744	$MnO_2 + 4H^+ + 2e \Longrightarrow Mn^{2+} + 2H_2O$	1.224
$Fe^{2+} + 2e \Longrightarrow Fe$	-0.447	$O_2 + 2H^+ + 4e \Longrightarrow 2H_2O$	1.229
$Cd^{2+} + 2e \Longrightarrow Cd$	-0.4030	$Cr_2O_7^{2-} + 14H^+ + 6e \Longrightarrow 2Cr^{3+} + 7H_2O$	1.232
$PbSO_4 + 2e \Longrightarrow Pb + SO_4^{2-}$	-0.3588	$Cl_2 + 2e \Longrightarrow 2Cl^-$	1.358
$Co^{2+} + 2e \Longrightarrow Co$	-0.28	$ClO_4^- + 8H^+ + 8e \Longrightarrow Cl^- + 4H_2O$	1.389
$Ni^{2+} + 2e \Longrightarrow Ni$	-0.257	$2ClO_4^- + 16H^+ + 14e \Longrightarrow Cl_2 + 8H_2O$	1.39
$Mo^{3+} + 3e \Longrightarrow Mo$	-0.200	$BrO_3^- + 6H^+ + 6e \Longrightarrow Br^- + 3H_2O$	1.423
$AgI + e \Longrightarrow Ag + I^-$	-0.15224	$ClO_3^- + 6H^+ + 6e \Longrightarrow Cl^- + 3H_2O$	1.451
$Sn^{2+} + 2e \Longrightarrow Sn$	-0.1375	$ClO_3^- + 12H^+ + 10e \Longrightarrow Cl_2 + 6H_2O$	1.47
$Pb^{2+} + 2e \Longrightarrow Pb$	-0.1262	$BrO_3^- + 12H^+ + 10e \Longrightarrow Br_2 + 6H_2O$	1.482
$Fe^{3+} + 3e \Longrightarrow Fe$	-0.0037	$HClO + H^+ + 2e \Longrightarrow Cl^- + H_2O$	1.482
$2H^+ + 2e \Longrightarrow H_2$	0	$MnO_4^- + 8H^+ + 8e \Longrightarrow Mn^{2+} + 4H_2O$	1.507
$AgBr + e \Longrightarrow Ag + Br^-$	0.07133	$HClO_2 + 3H^+ + 4e \Longrightarrow Cl^- + 2H_2O$	1.570
$Cu^+ + e \Longrightarrow Cu$	0.521	$Ce^{4+} + e \Longrightarrow Ce^{3+}$	1.61
$I_2 + 2e \Longrightarrow 2I^-$	0.5355	$2HClO_2 + 6H^+ + 6e \Longrightarrow Cl_2 + 4H_2O$	1.628
$I_3^- + 2e \Longrightarrow 3I^-$	0.536	$HClO_2 + 2H^+ + 2e \Longrightarrow HClO + H_2O$	1.645
$O_2 + 2H^+ + 2e \Longrightarrow 2H_2O_2$	0.682	$MnO_4^- + 4H^+ + 4e \Longrightarrow MnO_2 + 2H_2O$	1.679
$Fe^{3+} + 2e \Longrightarrow Fe^{2+}$	0.771	$PbO_2 + SO_4^{2-} + 4H^+ + 2e \Longrightarrow PbSO_4 + 2H_2O$	1.6931
$Hg_2^{2+} + 2e \Longrightarrow 2Hg$	0.7973	$Au^+ + e \Longrightarrow Au$	1.692
$Ag^+ + e \Longrightarrow Ag$	0.7996	$H_2O_2 + 2H^+ + 2e \Longrightarrow 2H_2O$	1.776
$Hg^{2+} + 2e \Longrightarrow 2Hg$	0.851	$S_2O_8^{2-} + 2e \Longrightarrow 2SO_4^{2-}$	2.010
$2Hg^{2+} + 2e \Longrightarrow Hg_2^{2+}$	0.920	$F_2 + 2e \Longrightarrow 2F^-$	2.866
$NO_3^- + 3H^+ + 2e \Longrightarrow HNO_2 + H_2O$	0.934	$F_2 + 2H^+ + 2e \Longrightarrow 2HF$	3.053

二、在碱性溶液中

电　极　反　应	$\varphi^{\ominus}/V$	电　极　反　应	$\varphi^{\ominus}/V$
$Ca(OH)_2 + 2e \Longrightarrow Ca + 2OH^-$	-3.02	$Cu(OH)_2 + 2e \Longrightarrow Cu + 2OH^-$	-0.222
$Ba(OH)_2 + 2e \Longrightarrow Ba + 2OH^-$	-2.99	$O_2 + 2H_2O + 2e \Longrightarrow H_2O_2 + 2OH^-$	-0.146
$Mg(OH)_2 + 2e \Longrightarrow Mg + 2OH^-$	-2.690	$CrO_4^{2-} + 4H_2O + 3e \Longrightarrow Cr(OH)_3 + 5OH^-$	-0.13
$Mn(OH)_2 + 2e \Longrightarrow Mn + 2OH^-$	-1.56	$Co(NH_3)_6^{3+} + e \Longrightarrow Co(NH_3)_6^{2+}$	0.108
$Cr(OH)_3 + 3e \Longrightarrow Cr + 3OH^-$	-1.48	$IO_3^- + 3H_2O + 6e \Longrightarrow I^- + 6OH^-$	0.26
$ZnO_2^{2-} + 2H_2O + 2e \Longrightarrow Zn + 4OH^-$	-1.215	$O_2 + 2H_2O + 4e \Longrightarrow 4OH^-$	0.401
$SO_4^{2-} + 2H_2O + 2e \Longrightarrow SO_3^{2-} + 2OH^-$	-0.93	$MnO_4^- + e \Longrightarrow MnO_4^{2-}$	0.588
$P + 3H_2O + 3e \Longrightarrow PH_3 + 3OH^-$	-0.87	$MnO_4^- + 2H_2O + 3e \Longrightarrow MnO_2 + 4OH^-$	0.595
$2H_2O + 2e \Longrightarrow H_2 + 2OH^-$	-0.8277	$BrO_3^- + 3H_2O + 6e \Longrightarrow Br^- + 6OH^-$	0.61
$Fe(OH)_3 + e \Longrightarrow Fe(OH)_2 + 2OH^-$	-0.56	$ClO_3^- + 3H_2O + 6e \Longrightarrow Cl^- + 6OH^-$	0.62
$S + 2e \Longrightarrow S^{2-}$	-0.476	$ClO^- + H_2O + 2e \Longrightarrow Cl^- + 2OH^-$	0.841
$Cu_2O + H_2O + 2e \Longrightarrow 2Cu + 2OH^-$	-0.360		

附录Ⅲ　　一些氧化还原电对的条件电极电势 (298.15K)

电　极　反　应	$\varphi^{\ominus\prime}/V$	介　质
$Ag^+ + e \Longrightarrow Ag$	2.00	$4mol \cdot L^{-1}$ $HClO_4$
	1.93	$3mol \cdot L^{-1}$ HNO_3
$Ce^{4+} + e \Longrightarrow Ce^{3+}$	1.74	$1mol \cdot L^{-1}$ $HClO_4$
	1.44	$1mol \cdot L^{-1}$ H_2SO_4
	1.28	$1mol \cdot L^{-1}$ HCl
	1.60	$1mol \cdot L^{-1}$ HNO_3
$Co^{3+} + e \Longrightarrow Co^{2+}$	1.95	$4mol \cdot L^{-1}$ $HClO_4$
	1.86	$1mol \cdot L^{-1}$ HNO_3
	1.00	$1mol \cdot L^{-1}$ HCl
$Fe^{3+} + e \Longrightarrow Fe^{2+}$	0.75	$1mol \cdot L^{-1}$ $HClO_4$
	0.70	$1mol \cdot L^{-1}$ HCl
	0.68	$1mol \cdot L^{-1}$ H_2SO_4
	0.51	$1mol \cdot L^{-1}$ $HCl - 0.25mol \cdot L^{-1}$ H_3PO_4
$Fe(CN)_6^{3-} + e \Longrightarrow Fe(CN)_6^{4-}$	0.56	$0.1mol \cdot L^{-1}$ HCl
	0.72	$1mol \cdot L^{-1}$ $HClO_4$
$MnO_4^- + 8H^+ + 8e \Longrightarrow Mn^{2+} + 4H_2O$	1.45	$1mol \cdot L^{-1}$ $HClO_4$

附录Ⅳ　常用的缓冲溶液

pH 值	配 制 方 法
0	$1mol \cdot L^{-1} HCl$（若 Cl^- 对测定有妨碍，可用 HNO_3）
1	$0.1mol \cdot L^{-1} HCl$
2	$0.01mol \cdot L^{-1} HCl$
3.6	8g NaAc·$3H_2O$ 溶于适量水中，加 134mL 的 $6mol \cdot L^{-1}$ HAc，稀释至 500mL
4.0	20g NaAc·$3H_2O$ 溶于适量水中，加 134mL 的 $6mol \cdot L^{-1}$ HAc，稀释至 500mL
4.5	32g NaAc·$3H_2O$ 溶于适量水中，加 68mL 的 $6mol \cdot L^{-1}$ HAc，稀释至 500mL
5.0	50g NaAc·$3H_2O$ 溶于适量水中，加 34mL 的 $6mol \cdot L^{-1}$ HAc，稀释至 500mL
5.7	100g NaAc·$3H_2O$ 溶于适量水中，加 13mL 的 $6mol \cdot L^{-1}$ HAc，稀释至 500mL
7	77g NH_4Ac 用水溶解，稀释至 500mL
7.5	60g NH_4Cl 溶于适量水中，加 1.4mL 的 $15mol \cdot L^{-1}$ 氨水，稀释至 500mL
8.0	50g NH_4Cl 溶于适量水中，加 3.5mL 的 $15mol \cdot L^{-1}$ 氨水，稀释至 500mL
8.5	40g NH_4Cl 溶于适量水中，加 8.8mL 的 $15mol \cdot L^{-1}$ 氨水，稀释至 500mL
9.0	35g NH_4Cl 溶于适量水中，加 24mL 的 $15mol \cdot L^{-1}$ 氨水，稀释至 500mL
9.5	30g NH_4Cl 溶于适量水中，加 65mL 的 $15mol \cdot L^{-1}$ 氨水，稀释至 500mL
10.0	27g NH_4Cl 溶于适量水中，加 197mL 的 $15mol \cdot L^{-1}$ 氨水，稀释至 500mL
10.5	9g NH_4Cl 溶于适量水中，加 175mL 的 $15mol \cdot L^{-1}$ 氨水，稀释至 500mL
11	3g NH_4Cl 溶于适量水中，加 207mL 的 $15mol \cdot L^{-1}$ 氨水，稀释至 500mL
12	$0.01mol \cdot L^{-1} NaOH$（若 Na^+ 对测定有妨碍，可用 KOH）
13	$0.1mol \cdot L^{-1} NaOH$

附录Ⅴ　配离子的稳定常数 $K_f^{\ominus}$（298.15K）

配离子	$K_f^{\ominus}$	配离子	$K_f^{\ominus}$
$[AgCl_2]^-$	1.1×10^5	$[Cu(CN)_2]^-$	1.0×10^{24}
$[AgBr_2]^-$	2.1×10^7	$[Cu(SCN)_2]^-$	1.5×10^5
$[AgI_2]^-$	5.5×10^{11}	$[Cu(NH_3)_2]^+$	7.4×10^{10}
$[Ag(CN)_2]^-$	1.0×10^{21}	$[Cu(NH_3)_4]^{2+}$	3.9×10^{12}
$[Ag(CNS)_2]^-$	4.0×10^8	$[Cu(en)_2]^{2+}$	4.0×10^{19}
$[Ag(S_2O_3)_2]^{3-}$	1.6×10^{13}	$[Fe(CN)_6]^{4-}$	1.0×10^{35}
$[Ag(NH_3)_2]^+$	1.7×10^7	$[FeF_6]^{3-}$	1.0×10^{16}
$[AlF_6]^{3-}$	6.9×10^{19}	$[Fe(CN)_6]^{3-}$	1.0×10^{42}
$[Al(C_2O_4)_3]^{3-}$	2.0×10^{16}	$[Fe(SCN)_6]^{3-}$	1.3×10^9
$[Au(CN)_2]^-$	2.0×10^{38}	$[Fe(C_2O_4)_3]^{3-}$	1.0×10^{20}
$[AuCl_4]^-$	2.0×10^{21}	$[HgCl_4]^{2-}$	1.6×10^{15}
$[CdCl_4]^{2-}$	3.1×10^2	$[HgBr_4]^{2-}$	1.0×10^{21}
$[CdI_4]^{2-}$	2.7×10^6	$[HgI_4]^{2-}$	7.2×10^{29}
$[Cd(CN)_4]^{2-}$	1.3×10^{18}	$[Hg(CN)_4]^{2-}$	3.3×10^{41}
$[Cd(SCN)_4]^{2-}$	1.0×10^3	$[Hg(SCN)_4]^{2-}$	7.7×10^{21}
$[Cd(NH_3)_4]^{2+}$	3.6×10^6	$[Hg(NH_3)_4]^{2+}$	1.9×10^{19}
$[Co(CNS)_4]^{2-}$	3.8×10^2	$[Ni(CN)_4]^{2-}$	1.0×10^{22}
$[Co(NH_3)_6]^{2+}$	2.4×10^4	$[Ni(NH_3)_6]^{2+}$	1.1×10^8
$[Co(CN)_6]^{3-}$	1.0×10^{64}	$[Hg(en)_3]^{2+}$	3.9×10^{18}
$[Co(NH_3)_6]^{3+}$	1.4×10^{-35}	$[Zn(CN)_4]^{2-}$	1.0×10^{16}
$[CuCl_2]^-$	3.2×10^5	$[Zn(CNS)_4]^{2-}$	2.0×10
$[CuBr_2]^-$	7.8×10^5	$[Zn(NH_3)_4]^{2+}$	4.9×10^8
$[CuI_2]^-$	7.1×10^5	$[Zn(en)_2]^{2+}$	6.8×10^{10}

附录Ⅵ 常用化学试剂的级别

试剂级别	中文名称	代号	瓶签颜色	应用
一级品	优级纯	G. R.	绿色	用于精密的科学研究和分析鉴定
二级品	分析纯	A. R.	红色	用于一般的科学研究和分析鉴定
三级品	化学纯	C. P.	蓝色	用于需较纯试剂的化学实验
四级品	实验试剂	L. R.	棕色等	用于一般化学实验

附录Ⅶ 一些化合物的相对分子质量

化合物	相对分子质量	化合物	相对分子质量
$AgBr$	187.78	CCl_4	153.81
$AgCl$	143.32	CO_2	44.01
$AgCN$	133.84	Cr_2O_3	151.99
Ag_2CrO_4	331.73	CuO	79.54
AgI	234.77	Cu_2O	143.09
$AgNO_3$	169.87	$CuSCN$	121.63
$AgSCN$	169.95	$CuSO_4$	159.61
Al_2O_3	101.96	$CuSO_4 \cdot 5H_2O$	249.69
$Al_2(SO_4)_3$	342.15	$FeCl_3$	162.21
As_2O_3	197.84	$FeCl_3 \cdot 6H_2O$	270.30
As_2O_5	229.84	FeO	71.85
$BaCO_3$	197.34	Fe_2O_3	159.69
BaC_2O_4	225.35	Fe_3O_4	231.54
$BaCl_2$	208.24	$FeSO_4 \cdot H_2O$	169.93
$BaCl_2 \cdot 2H_2O$	244.27	$FeSO_4 \cdot 7H_2O$	278.02
$BaCrO_4$	253.32	$Fe_2(SO_4)_3$	399.89
BaO	153.33	$FeSO_4 \cdot (NH_4)_2SO_4 \cdot 6H_2O$	392.14
$Ba(OH)_2$	171.35	H_3BO_3	61.83
$BaSO_4$	233.39	HBr	80.91
$CaCO_3$	100.09	$H_2C_4H_4O_6$(酒石酸)	150.09
CaC_2O_4	128.10	HCN	27.03
$CaCl_2$	110.99	H_2CO_3	62.03
$CaCl_2 \cdot H_2O$	129.00	$H_2C_2O_4$	90.04
CaF_2	78.08	$H_2C_2O_4 \cdot 2H_2O$	126.07
$Ca(NO_3)_2$	164.09	$HCOOH$	46.03
CaO	56.08	HCl	36.46
$Ca(OH)_2$	74.09	$HClO_4$	100.46
$CaSO_4$	136.14	HF	20.01
$Ca_3(PO_4)_2$	310.18	HI	127.91
$Ce(SO_4)_2$	332.24	HNO_2	47.01
CH_3COOH	60.05	HNO_3	63.01
CH_3OH	32.04	H_2O	18.02
CH_3COCH_3	58.08	H_2O_2	34.02
C_6H_5COOH	122.12	H_3PO_4	98.00
C_6H_5COONa	144.10	H_2S	34.08
$C_6H_4COOHCOOK$(邻苯二甲酸氢钾)	204.23	H_2SO_3	82.08
CH_3COONa	82.03	H_2SO_4	98.03
C_6H_5OH	94.11	$HgCl_2$	271.50
$COOHCH_2COOH$	104.06	Hg_2Cl_2	472.09
$COOHCH_2COONa$	126.04	$KAl(SO_4)_2 \cdot 12H_2O$	474.39

化合物	相对分子质量	化合物	相对分子质量
KBr	119.01	$NaCl$	58.44
$KBrO_3$	167.01	Na_2O	61.93
KCN	65.12	$NaOH$	40.01
K_2CO_3	138.21	Na_3PO_4	163.94
KCl	74.56	Na_2S	78.05
$KClO_3$	122.55	$Na_2S \cdot 9H_2O$	240.18
$KClO_4$	138.55	Na_2SO_3	126.04
K_2CrO_4	194.20	Na_2SO_4	142.04
$K_2Cr_2O_7$	294.19	$Na_2SO_4 \cdot 10H_2O$	322.20
$KHC_2O_4 \cdot H_2C_2O_4 \cdot 2H_2O$	254.19	$Na_2S_2O_3$	158.11
$KHC_2O_4 \cdot H_2O$	146.14	$Na_2S_2O_3 \cdot 5H_2O$	248.19
KI	166.01	Na_2SiF_6	188.06
KIO_3	214.00	NH_3	17.03
$KMnO_4$	158.04	NH_4Cl	53.49
KNO_2	85.10	$(NH_4)_2C_2O_4 \cdot H_2O$	142.11
K_2O	92.20	$NH_3 \cdot H_2O$	35.05
KOH	56.11	$NH_4Fe(SO_4)_2 \cdot 12H_2O$	482.20
$KSCN$	97.18	$(NH_4)_2HPO_4$	132.05
K_2SO_4	174.26	NH_4SCN	76.12
$MgCO_3$	84.32	$(NH_4)_2SO_4$	132.14
$MgCl_2$	95.21	P_2O_5	141.95
$MgNH_4PO_4$	137.33	$PbCrO_4$	323.18
MgO	40.31	PbO	233.19
$Mg_2P_2O_7$	222.60	PbO_2	239.19
MnO	70.94	Pb_3O_4	685.57
MnO_2	86.94	$PbSO_4$	303.26
$Na_2B_4O_7$	201.22	SO_2	64.06
$Na_2B_4O_7 \cdot 10H_2O$	381.37	SO_3	80.06
$NaBiO_3$	279.97	Sb_2O_3	291.50
$NaBr$	102.90	Sb_2S_3	399.70
$NaCN$	49.06	SiF_4	104.08
Na_2CO_3	105.99	SiO_2	60.08
$Na_2C_2O_4$	134.00	$SnCO_3$	178.82
NaF	41.99	$SnCl_2$	189.60
$NaHCO_3$	84.01	SnO_2	150.71
NaH_2PO_4	119.98	TiO_2	79.88
Na_2HPO_4	141.96	WO_3	231.85
$Na_2H_2Y_2 \cdot H_2O$（EDTA 二钠盐）	372.26	$ZnCl_2$	136.30
NaI	149.89	ZnO	82.39
$NaNO_3$	69.00	$ZnSO_4$	161.45

附录Ⅷ 常用酸碱溶液相对密度及质量分数

盐 酸

HCl 质量分数/%	相对密度 d_4^{20}	溶解度 g·(100mL 水)$^{-1}$	HCl 质量分数/%	相对密度 d_4^{20}	溶解度 g·(100mL 水)$^{-1}$
1	1.0032	1.003	22	1.1083	24.38
2	1.0082	2.006	24	1.1187	26.85
4	1.0181	4.007	26	1.1290	29.35
6	1.0279	6.167	28	1.1392	31.90
8	1.0376	8.301	30	1.1492	34.48
10	1.0474	10.47	32	1.1593	37.10
12	1.0574	12.69	34	1.1691	39.75
14	1.0675	14.95	36	1.1789	42.44
16	1.0776	17.24	38	1.1885	45.16
18	1.0878	19.58	40	1.1980	47.92
20	1.0980	21.96			

硝 酸

HNO₃ 质量分数/%	相对密度 d_4^{20}	溶解度 g·(100mL 水)$^{-1}$	HNO₃ 质量分数/%	相对密度 d_4^{20}	溶解度 g·(100mL 水)$^{-1}$
1	1.0036	1.004	65	1.3913	90.43
2	1.0091	2.018	70	1.4134	98.94
3	1.0146	3.044	75	1.4337	107.5
4	1.0201	4.080	80	1.4521	116.2
5	1.0256	5.128	85	1.4686	124.8
10	1.0543	10.54	90	1.4826	133.4
15	1.0842	16.26	91	1.4850	135.1
20	1.1150	22.30	92	1.4873	136.8
25	1.1469	28.67	93	1.4892	138.5
30	1.1800	35.40	94	1.4912	140.2
35	1.2140	42.49	95	1.4932	141.9
40	1.2463	49.85	96	1.4952	143.5
45	1.2783	57.52	97	1.4974	145.2
50	1.3100	65.50	98	1.5008	147.1
55	1.3393	73.66	99	1.5056	149.1
60	1.3667	82.00	100	1.5129	151.3

硫 酸

H₂SO₄ 质量分数/%	相对密度 d_4^{20}	溶解度 g·(100mL 水)$^{-1}$	H₂SO₄ 质量分数/%	相对密度 d_4^{20}	溶解度 g·(100mL 水)$^{-1}$
1	1.0051	1.005	65	1.5533	101.0
2	1.0118	2.024	70	1.6105	112.7
3	1.0184	3.055	75	1.6692	125.2
4	1.0250	4.100	80	1.7272	138.2
5	1.0317	5.159	85	1.7786	151.2
10	1.0661	10.66	90	1.8144	163.3
15	1.1020	16.53	91	1.8195	165.6
20	1.0394	22.79	92	1.8240	167.8
25	1.1783	29.46	93	1.8279	170.2
30	1.2185	36.56	94	1.8312	172.1
35	1.2599	44.10	95	1.8337	174.2
40	1.3028	52.11	96	1.8355	176.2
45	1.3476	60.64	97	1.8364	178.1
50	1.3951	69.76	98	1.8361	179.9
55	1.4453	79.49	99	1.8342	181.6
60	1.4983	89.90	100	1.8305	183.1

醋　酸

HAc 质量分数/%	相对密度 d_4^{20}	溶解度 g·(100mL 水)$^{-1}$	HAc 质量分数/%	相对密度 d_4^{20}	溶解度 g·(100mL 水)$^{-1}$
1	0.9996	0.9996	65	1.0666	69.33
2	1.0012	2.002	70	1.0685	74.80
3	1.0025	3.008	75	1.0696	80.22
4	1.0040	4.016	80	1.0700	85.60
5	1.0055	5.028	85	1.0689	90.86
10	1.0125	10.13	90	1.0661	95.95
15	1.0195	15.29	91	1.0652	96.93
20	1.0263	20.53	92	1.0663	97.92
25	1.0326	25.82	93	1.0632	98.88
30	1.0384	31.15	94	1.0619	99.82
35	1.0438	36.53	95	1.0605	100.7
40	1.0488	41.95	96	1.0588	101.6
45	1.0534	47.40	97	1.0570	102.5
50	1.0575	52.88	98	1.0549	103.4
55	1.0611	58.36	99	1.0524	104.2
60	1.0642	63.85	100	1.0498	105.0

氨　水

NH_3 质量分数/%	相对密度 d_4^{20}	溶解度 g·(100mL 水)$^{-1}$	NH_3 质量分数/%	相对密度 d_4^{20}	溶解度 g·(100mL 水)$^{-1}$
1	0.9939	9.94	16	0.9362	149.8
2	0.9895	19.79	18	0.9295	167.3
4	0.9811	39.24	20	0.9229	184.6
6	0.9730	58.38	22	0.9164	201.6
8	0.9651	77.21	24	0.9101	218.4
10	0.9575	95.75	26	0.9040	235.0
12	0.9501	114.0	28	0.8980	251.4
14	0.9430	132.0	30	0.8920	267.6

氢氧化钠

NaOH 质量分数/%	相对密度 d_4^{20}	溶解度 g·(100mL 水)$^{-1}$	NaOH 质量分数/%	相对密度 d_4^{20}	溶解度 g·(100mL 水)$^{-1}$
1	1.0095	1.010	26	1.2848	33.40
2	1.0207	2.041	28	1.3064	36.58
4	1.0428	4.171	30	1.3279	39.84
6	1.0648	6.389	32	1.3490	43.17
8	1.0869	8.695	34	1.3696	46.57
10	1.1089	11.09	36	1.3900	50.04
12	1.1309	13.57	38	1.4101	53.58
14	1.1530	16.14	40	1.4300	57.20
16	1.1751	18.80	42	1.4494	60.87
18	1.1972	21.55	44	1.4685	64.61
20	1.2191	24.38	46	1.4873	68.42
22	1.2411	27.30	48	1.5065	72.31
24	1.2629	30.31	50	1.5253	76.27

碳　酸　钠

Na_2CO_3 质量分数/%	相对密度 d_4^{20}	溶解度 g·(100mL 水)$^{-1}$	Na_2CO_3 质量分数/%	相对密度 d_4^{20}	溶解度 g·(100mL 水)$^{-1}$
1	1.0086	1.009	12	1.1244	13.49
2	1.0190	2.038	14	1.1463	16.05
4	1.0398	4.159	16	1.1682	18.50
6	1.0606	6.364	18	1.1905	21.33
8	1.0816	8.653	20	1.2132	24.26
10	1.1029	11.03			

练习与测试参考答案

项目一

一、判断题

1. 错　2. 错　3. 对　4. 对　5. 对　6. 对　7. 错　8. 错

二、选择题

1. A　2. C　3. C　4. B　5. B　6. A　7. B　8. C　9. C　10. B

三、计算题

1. 0.0177；1.000mol·kg^{-1}；0.8814mol·L^{-1}

2. (1) 6.15mol·kg^{-1}；(2) 5.43mol·L^{-1}；(3) 52.5%；(4) 47.5%

3. (1) 0.0500；　(2) 0.0512g·cm^{-1}；　(3) 0.569mol·L^{-1}；　(4) 0.584mol·kg^{-1}；

(5) 0.0104

项目二

一、判断题

1. 对　2. 对　3. 错　4. 错　5. 对　6. 错　7. 对　8. 错　9. 对　10. 对

二、单项选择题

1. D　2. D　3. C　4. B　5. B　6. D　7. C　8. C　9. B　10. B　11. A　12. A

三、多项选择题

1. ACD　2. AD　3. AC　4. BD　5. AB　6. ABC　7. AC　8. AD

四、计算题

1. (1) 0.036%；(2) 0.05%；(3) 0.05%；(4) 0.07%

2. $S_甲 = 0.03\%$，$S_乙 = 0.045\%$；$CV_甲 = 0.08\%$，$CV_乙 = 0.11\%$

3. (1) 47.12mL（假设浓 HCl 密度为 1.19g/cm^3，质量分数为 36.5%）；(2) 2.10mL

4. 9.00mL　5. 0.1010mol·L^{-1}　6. 0.04500mol·L^{-1}　7. 96.07%

8. 0.01125mol·L^{-1}　9. 66.25%　10. Na_2CO_3：73.71%；NaOH：12.30%

项目三

二、计算题

1. 11.39　2. Pb^{2+} 先被沉淀　3. $AgNO_3$：0.08030mol·L^{-1}；NH_4SCN：0.08090mol·L^{-1}

4. 0.355g　5. 0.8896g　6. 47.62％

项目四

一、判断题

1. 对　2. 对　3. 错　4. 错　5. 对　6. 错　7. 对　8. 错　9. 对　10. 对

二、选择题

1. D　2. A　3. D　4. D　5. D　6. C　7. A

四、计算题

1. 0.08694g　2. 40.92％；59.08％　3. 53.88％　4. 1.50mL　5. 0.0097894mol·L^{-1}

6. (1) 53.73％，78.25％；(2) 30.00g·(100mL)$^{-1}$

项目五

一、判断题

1. 对　2. 错　3. 错　4. 错　5. 错　6. 对　7. 错　8. 对　9. 错　10. 错

二、单选题

1. D　2. A　3. A　4. D　5. C　6. C　7. A　8. B　9. A　10. D

三、计算题

1. 3.89　2. 16.8mg·L^{-1}　3. 98.04％　4. 30.96％；58.49％　5. 0.02509mol·L^{-1}；

0.02087mol·L^{-1}　6. 0.01419mol·L^{-1}；0.008800mol·L^{-1}　7. 21.25％

项目六

二、单选题

1. C　2. B　3. C　4. D　5. D　6. A　7. A　8. C　9. B

三、计算题

1. $T_1 = 77％$，$A_1 = 0.111$；$T_2 = 46％$，$A_2 = 0.333$　2. (1) 36％；　　(2) 0.444

3. 9568L·(mol·cm)$^{-1}$

4. 1.5×10^{4}L·(mol·cm)$^{-1}$　5. 1.54×10^{4}L·(mol·cm)$^{-1}$　6. 0.022％；61％

7. 3.6×10^{-3}mol·L^{-1}　8. 0.399％

参 考 文 献

[1] 吴赛苏等 . 化工检验与实训 . 北京：化学工业出版社，2007.

[2] 彭振博主编 . 化工废水检测与处理 . 北京：高等教育出版社，2009.

[3] 李淑华主编 . 基础化学 . 北京：化学工业出版社，2008.

[4] 慕慧主编 . 基础化学 . 北京：科学出版社，2001.

[5] 董元彦等 . 无机及分析化学 . 北京：科学出版社，2000.

[6] 叶芬霞 . 无机及分析化学 . 北京：高等教育出版社，2004.

[7] 韩忠霄等 . 无机及分析化学 . 北京：化学工业出版社，2005.

[8] 高职高专化学教材组编 . 无机化学 . 第 2 版 . 北京：高等教育出版社，2000.

[9] 高职高专化学教材组编 . 分析化学 . 第 2 版 . 北京：高等教育出版社，2000.

[10] 马荔主编 . 基础化学 . 北京：化学工业出版社，2005.

[11] 张云主编 . 分析化学 . 上海：同济大学出版社，2003.

[12] 赵玉娥主编 . 基础化学 . 第 2 版 . 北京：化学工业出版社，2008.

[13] 戴桦根主编 . 基础化学 . 北京：中国纺织出版社，2005.

[14] 王泽云等 . 无机及分析化学 . 北京：化学工业出版社，2005.

[15] 陆宁宁主编 . 染整化学基础 . 北京：中国纺织出版社，2001.

[16] 杨宏孝主编 . 无机化学 . 北京：高等教育出版社，2000.

[17] 张正奇主编 . 分析化学 . 北京：科学出版社，2001.

[18] 唐和清主编 . 工科基础化学 . 北京：化学工业出版社，2005.

[19] 肖衍繁主编 . 物理化学 . 天津：天津大学出版社，2002.

元素周期表

IUPAC 2013

氧化态为单质的氧化态为0，未列入；常见的是红色）

以 ¹²C=12 为基准的原子质量（注★的是半衰期最长同位素的原子质量）

图例	
s区元素	p区元素
d区元素	ds区元素
f区元素	稀有气体

说明（示例）：
- 95 — 原子序数
- Am — 元素符号（红色的为放射性元素）
- 镅 — 元素名称（注★的为人造元素）
- 5f⁷7s² — 价层电子构型
- 243.0613(2)★ — 原子质量

周期 / 族

第1周期：
- H 氢 1s¹ 1.008
- He 氦 1s² 4.002602(2)

第2周期：
- Li 锂 2s¹ 6.94
- Be 铍 2s² 9.0121831(5)
- B 硼 2s²2p¹ 10.81
- C 碳 2s²2p² 12.011
- N 氮 2s²2p³ 14.007
- O 氧 2s²2p⁴ 15.999
- F 氟 2s²2p⁵ 18.998403163(6)
- Ne 氖 2s²2p⁶ 20.1797(6)

第3周期：
- Na 钠 3s¹ 22.98976928(2)
- Mg 镁 3s² 24.305
- Al 铝 3s²3p¹ 26.9815385(7)
- Si 硅 3s²3p² 28.085
- P 磷 3s²3p³ 30.973761998(5)
- S 硫 3s²3p⁴ 32.06
- Cl 氯 3s²3p⁵ 35.45
- Ar 氩 3s²3p⁶ 39.948(1)

第4周期：
- K 钾 4s¹ 39.0983(1)
- Ca 钙 4s² 40.078(4)
- Sc 钪 3d¹4s² 44.955908(5)
- Ti 钛 3d²4s² 47.867(1)
- V 钒 3d³4s² 50.9415(1)
- Cr 铬 3d⁵4s¹ 51.9961(6)
- Mn 锰 3d⁵4s² 54.938044(3)
- Fe 铁 3d⁶4s² 55.845(2)
- Co 钴 3d⁷4s² 58.933194(4)
- Ni 镍 3d⁸4s² 58.6934(4)
- Cu 铜 3d¹⁰4s¹ 63.546(3)
- Zn 锌 3d¹⁰4s² 65.38(2)
- Ga 镓 4s²4p¹ 69.723(1)
- Ge 锗 4s²4p² 72.630(8)
- As 砷 4s²4p³ 74.921595(6)
- Se 硒 4s²4p⁴ 78.971(8)
- Br 溴 4s²4p⁵ 79.904
- Kr 氪 4s²4p⁶ 83.798(2)

第5周期：
- Rb 铷 5s¹ 85.4678(3)
- Sr 锶 5s² 87.62(1)
- Y 钇 4d¹5s² 88.90584(2)
- Zr 锆 4d²5s² 91.224(2)
- Nb 铌 4d⁴5s¹ 92.90637(2)
- Mo 钼 4d⁵5s¹ 95.95(1)
- Tc 锝 4d⁵5s² 97.90721(3)★
- Ru 钌 4d⁷5s¹ 101.07(2)
- Rh 铑 4d⁸5s¹ 102.90550(2)
- Pd 钯 4d¹⁰ 106.42(1)
- Ag 银 4d¹⁰5s¹ 107.8682(2)
- Cd 镉 4d¹⁰5s² 112.414(4)
- In 铟 5s²5p¹ 114.818(1)
- Sn 锡 5s²5p² 118.710(7)
- Sb 锑 5s²5p³ 121.760(1)
- Te 碲 5s²5p⁴ 127.60(3)
- I 碘 5s²5p⁵ 126.90447(3)
- Xe 氙 5s²5p⁶ 131.293(6)

第6周期：
- Cs 铯 6s¹ 132.90545196(6)
- Ba 钡 6s² 137.327(7)
- La~Lu 镧系 57~71
- Hf 铪 5d²6s² 178.49(2)
- Ta 钽 5d³6s² 180.94788(2)
- W 钨 5d⁴6s² 183.84(1)
- Re 铼 5d⁵6s² 186.207(1)
- Os 锇 5d⁶6s² 190.23(3)
- Ir 铱 5d⁷6s² 192.217(3)
- Pt 铂 5d⁹6s¹ 195.084(9)
- Au 金 5d¹⁰6s¹ 196.966569(5)
- Hg 汞 5d¹⁰6s² 200.592(3)
- Tl 铊 6s²6p¹ 204.38
- Pb 铅 6s²6p² 207.2(1)
- Bi 铋 6s²6p³ 208.98040(1)
- Po 钋 6s²6p⁴ 208.98243(2)★
- At 砹 6s²6p⁵ 209.98715(5)★
- Rn 氡 6s²6p⁶ 222.01758(2)★

第7周期：
- Fr 钫 7s¹ 223.01974(2)★
- Ra 镭 7s² 226.02541(2)★
- Ac~Lr 锕系 89~103
- Rf 𬬻 6d²7s² 267.122(4)★
- Db 𬭊 6d³7s² 270.131(4)★
- Sg 𬭳 6d⁴7s² 269.129(3)★
- Bh 𬭛 6d⁵7s² 270.133(2)★
- Hs 𬭶 6d⁶7s² 270.134(2)★
- Mt 鿏 6d⁷7s² 278.156(5)★
- Ds 𫟼 6d⁸7s² 281.165(4)★
- Rg 𬬭 6d⁹7s² 281.166(6)★
- Cn 鿔 285.177(4)★
- Nh 鿭 286.182(5)★
- Fl 𫓧 289.190(4)★
- Mc 镆 289.204(4)★
- Lv 𫟷 293.204(4)★
- Ts 鿬 293.208(5)★
- Og 鿫 294.214(5)★

镧系 ★

57	58	59	60	61	62	63	64	65	66	67	68	69	70	71
La 镧 5d¹6s² 138.90547(7)	Ce 铈 4f¹5d¹6s² 140.116(1)	Pr 镨 4f³6s² 140.90766(2)	Nd 钕 4f⁴6s² 144.242(3)	Pm 钷 4f⁵6s² 144.91276(2)★	Sm 钐 4f⁶6s² 150.36(2)	Eu 铕 4f⁷6s² 151.964(1)	Gd 钆 4f⁷5d¹6s² 157.25(3)	Tb 铽 4f⁹6s² 158.92535(2)	Dy 镝 4f¹⁰6s² 162.500(1)	Ho 钬 4f¹¹6s² 164.93033(2)	Er 铒 4f¹²6s² 167.259(3)	Tm 铥 4f¹³6s² 168.93422(2)	Yb 镱 4f¹⁴6s² 173.045(10)	Lu 镥 4f¹⁴5d¹6s² 174.9668(1)

锕系 ★

89	90	91	92	93	94	95	96	97	98	99	100	101	102	103
Ac 锕 6d¹7s² 227.02775(2)★	Th 钍 6d²7s² 232.0377(4)	Pa 镤 5f²6d¹7s² 231.03588(2)	U 铀 5f³6d¹7s² 238.02891(3)	Np 镎 5f⁴6d¹7s² 237.04817(2)★	Pu 钚 5f⁶7s² 244.06421(4)★	Am 镅 5f⁷7s² 243.0613(2)★	Cm 锔 5f⁷6d¹7s² 247.07035(3)★	Bk 锫 5f⁹7s² 247.07031(4)★	Cf 锎 5f¹⁰7s² 251.07959(3)★	Es 锿 5f¹¹7s² 252.0830(3)★	Fm 镄 5f¹²7s² 257.09511(5)★	Md 钔 5f¹³7s² 258.09843(3)★	No 锘 5f¹⁴7s² 259.1010(7)★	Lr 铹 5f¹⁴6d¹7s² 262.110(2)★

电子层：K L M N O P Q